Human Settlement and its Ecological Vision：
Karst, resident space and Fengshui

生态线索与人居环境研究

——以贵州喀斯特高原为例

周晓芳　周永章　郭清宏◎著

中山大学出版社
·广州·

图书在版编目（CIP）数据

生态线索与人居环境研究：以贵州喀斯特高原为例/周晓芳，周永章，郭清宏著. —广州：中山大学出版社，2012.7
ISBN 978 - 7 - 306 - 04240 - 8

Ⅰ.①生…　Ⅱ.①周…②周…③郭…　Ⅲ.①喀斯特地区—生态环境—关系—居住环境—研究—贵州省　Ⅳ.①X171.1②X21

中国版本图书馆 CIP 数据核字（2012）第 167251 号

出　版　人：祁　军
策划编辑：李海东
责任编辑：李海东
封面设计：林绵华
责任校对：李海东
责任技编：何雅涛
出版发行：中山大学出版社
电　　话：编辑部 020 - 84111996，84111997，84113349，84110779
　　　　　发行部 020 - 84111998，84111981，84111160
地　　址：广州市新港西路 135 号
邮　　编：510275　传　真：020 - 84036565
网　　址：http：//www. zsup. com. cn　E-mail：zdcbs@ mail. sysu. edu. cn
印　刷　者：广州中大印刷有限公司
规　　格：787mm×960mm　1/16　13 印张　2 插页　290 千字
版次印次：2012 年 7 月第 1 版　2012 年 7 月第 1 次印刷
定　　价：30.00 元

作 者 简 介

周晓芳，中山大学地理学博士，华南师范大学旅游学院副教授、硕士生导师。

周永章，中山大学地球环境与地球资源研究中心主任、博士生导师。

理解人居环境、生态线索与喀斯特山区文化岛屿

（代序）

当城市的脚步在贵州喀斯特山区弯弯曲曲的石头路上响起时，是传统、古朴、自然和现代工业、经济、文明的碰撞。本书试图展示漂亮的喀斯特高原风景、贫瘠的土地、淳朴的笑脸和对美好人居环境的期待。

人居环境，又可称为风水格局，可以是小到独户自然村、大到城市带的不同尺度、不同层次的人类聚居环境。研究人居环境就是以人类聚居为对象，分析人与环境之间的相互关系，目的是从理论上支持人类理想的聚居环境的选择和营造。

生态是当下十分流行的理念，反映了人类对失落的生态的异常渴求。1992 年里约热内卢联合国环境与发展大会通过的《21 世纪议程》）开启了现代人居环境研究的主旋律。生态线索是营造人居环境的核心理念，是可持续发展的基础支撑。

岛屿，是一种特殊的自然地理单元，岛屿尺度的人居环境是基于环境封闭性和资源独特性而形成的特色鲜明的，不同于周围生态环境或人文环境的片段化区域。作者认为，"岛屿"是喀斯特人居环境的区域基因和独特性。对贵州喀斯特山区来说，远离中原的边缘区位，长期以来相对封闭的地理环境和历史原因，使得不同的文化得以保留，孕育了独特的、丰富多样的居住文化，并因地理空间的隔离和巨大差异而各自发展，成为"文化千岛"。20世纪 80 年代，一批国外地理学者到达贵州高原的时候，感叹贵州神奇的喀斯特地貌景观和多元的少数民族文化及生境斑块。因此，"岛屿"是分析具有高度异质性和浓厚喀斯特地域特征的喀斯特文化岛屿景观的恰当视角。

在研究中，作者深深地认识到，3000多万人口生活的贵州这片土地上，尽管自然条件恶劣，但当地人民长期形成的风水观和生态意识，使得他们择居、迁居、营居等方面均能体现出对自然的尊重，人居生活也显得相当和谐，冀望当地人民在今后向自然索取资源、改善生产生活条件的时候，充分考虑喀斯特地区生态环境的脆弱性，避免"环境脆弱—贫困—掠夺和破坏—环境退化—更加贫困"的恶性循环，避免人地关系恶化，尽量保留地域居住特色，尽量按科学的生态理念优化人居环境。

作者已将上述思想尽量反映在书中，希望本书的出版能为人居环境研究提供一个可供参考的案例，亦为贵州喀斯特地区的可持续发展添砖加瓦。

作　者

2012年6月

目　　录

第1章　绪　　论

随着城市的扩张和环境的恶化，生态思想再次逐渐回归，人们越来越关注与生存和生活息息相关的居住环境，人居环境再次成为综合研究趋势下的研究热点（李雪铭等，2000；吴良镛，2001；周晓芳 等，2007）。人居环境是地理空间的概念，其研究需要落实到特定的地理区域。

作为中国独特的三大地理片区之一，贵州喀斯特地区正在受到各方面的关注（中国地理学会，2007）。贵州高原是全世界喀斯特发育最为广泛、喀斯特地貌类型最为齐全的地区，也是世界喀斯特研究的主要区域（高贵龙 等，2003）。在贵州，特殊的喀斯特自然环境造就了特殊的喀斯特人居环境。野外观察可见，长期以来汉族大都聚居在大大小小的坝子中，少数民族则散布于较偏远的山地区，形成特殊的地理空间差异以及相应的文化景观分异现象。由于远离中原文化，这一地区的居住环境隐藏着种种神秘。笔者之一自小在喀斯特地区生长，并长期从事地理专业的学习和研究，迫切地想以地理的视角和语言来揭示这种特殊的居住环境。

人居环境是一个综合性的概念。本章在介绍研究缘起的基础上，评述人居环境的国内外研究，并进一步提出本书的研究目的、研究意义、研究内容和研究方法等。

1.1　问题的缘起及研究背景

1.1.1　我国典型喀斯特脆弱生态环境综合研究的迫切性

喀斯特原是前南斯拉夫西北部的石灰岩高原 Kars 的地名，德语为 Karst，后成为世界各国通用的地理术语，指水对碳酸岩的溶蚀过程及因此形成的地貌形态，中文也翻译为"岩溶"（卢耀如，1982）。喀斯特是一种由特殊的物质体系（地球化学过程占主导地位的双重含水介质碳酸盐岩系）、能量体系（碳、钙循环交换、贮存转移强烈）、结构体系（地表、地下二元三维空间地域系统）（杨明德，1998）和功能体系（开放系统下强溶蚀动力过程的熵控自组织功能）（苏维词、朱文孝，2000）构成的自然地理系统，具有地表水渗漏强烈、土壤侵蚀强烈、植被易受破坏、成土速度缓慢、生物承载量及环境容量低、承灾能力弱、稳定性差等一系列体现环境脆弱性的特征。杨明德早在

1

20 世纪 80 年代就系统性地提出喀斯特地区是典型的生态环境脆弱区（杨明德，2003）。

资料显示（何才华，2001），喀斯特在世界上分布很广，约 2200 万 km²，占地球陆地表面积的 15%。中国 960 万 km² 的土地上，喀斯特分布面积超过 124 万 km²，约占全国总面积的 13%。贵州喀斯特分布面积为 13 万 km²，占全省土地面积的 73%，不仅在全国独一无二，在世界也是罕见的。而号称"岩溶王国"的前南斯拉夫喀斯特分布也仅 8 万 km²，仅为该国国土面积的 33%。由于生态环境的脆弱，贵州一直是我国经济发展比较落后的地区，在过去的数十年间，由于土地利用不当和不合理的人为活动，环境污染、水土流失、自然灾害频繁等生态系统退化问题明显，直接威胁到当地人民的基本生存条件，加剧了喀斯特地区的贫困，形成"贫困—掠夺资源—环境退化与恶化—进一步贫困"的恶性循环（彭贤伟，2003）。

我国独特的自然地理区域有青藏高原、黄土高原和西南喀斯特地区等三大片区。我国关于青藏高原和黄土高原的研究成果已经产生了世界性的影响，但关于喀斯特地区的综合研究还很薄弱，有很大潜力（蔡运龙，2000）。传统喀斯特研究更多的是关注地貌、水文和气候等无机过程，综合性的研究还未真正展开（蔡运龙，2000）。近年来，喀斯特地区不断恶化的生态环境引起了学者的广泛关注，喀斯特石漠化、土地覆盖、小流域研究等逐渐成为热点。我国政府也在"十五"、"十一五"工作报告中明确提出要加快推进黔桂滇岩溶地区石漠化的综合治理。但涉及经济、社会等人文方面的研究较少，更显迫切性和研究潜力。

1.1.2 独特的地理空间视角是人居环境可持续发展研究的道路

人地关系地域系统是人类系统和地理环境系统相互作用而形成的动态、复杂的系统（吴传钧，1991）。由于人地关系矛盾中人居于主导地位，因此总能通过人类的发展规律找出最能体现人地关系本质的中心点，有学者称之为"联结点"（金其铭 等，1993）。居住和环境变化是人类关注的重要问题，因此人居环境是人地关系地域系统中的重要范畴，甚至有学者认为人居现象是联系人地的最基本的联结点（李雪铭 等，2000）。

人居环境是一个复杂开放的巨系统（吴良镛，2001），系统性、整体性、综合性和学科交叉性是对其开展研究的主要趋势。地理科学独特的区域视角、综合性的思维和人文的理念，以及 GIS 技术对人居环境研究具有十分重要的意义。中国地理学会提出，人地系统研究应发展综合集成研究方法（中国地理学会，2007），通过开展人居环境研究可加强地理学综合集成研究方法和研究内容的发展。

1.2 人居环境和人居环境的生态线索研究

鉴于人居环境是一个复杂的巨系统，对其理论和实践的发展进行综述很难全面展开，需要结合时代的发展和研究目的寻找一个方面进行。就现代生产力高度发展的背景和学术发展情况来看，生态是非常流行的一个概念，人们对失落的生态异常渴求，寻求可持续发展的未来更需要生态支撑。因此在人居环境的可持续发展研究中，生态的线索尤其重要。本章就以生态为线索，对人居环境的发展进行综述。

1.2.1 住宅—聚落—人居环境：从空间的延伸到内涵的扩大

人类自诞生之日起就未曾停止过对居住环境改善的探索。长期以来，人们对人居环境的理解仅仅为与住房密切相关的家具陈设、建筑和园林（周直、朱未易，2002）。随着人类在空间上的不断扩张，更多具有不同组织形态和文化特征的聚落逐渐形成，并产生了城市和乡村。工业革命以后，生产力高度发展，人类在享受技术所带来的人居环境质量提高的同时，也遭受了前所未有的生态危机，人们开始关注与人类密切相关的大气、水、土壤和生物，人居环境内容逐渐全球化。

人居环境概念与英文 human settlements 大致同义（吴良镛，2001）。其中，settlements 又被译为聚落，并发展成为聚落地理学，指研究地球表面居住点的科学，进一步细分为城市聚落地理和乡村聚落地理（吴郁文，1995）。从狭义层面上讲，聚落仅指乡村聚落，目前聚落的研究也侧重于乡村。尽管聚落和人居环境在概念上很相似甚至可以说相通，但人居环境更具综合性和时代性。本研究认为，人居环境是聚落在空间上的延伸和内涵上的扩大。

从对其空间尺度的理解，人居环境概念可以分成不同层次。日本学者将人居空间分为家屋、居住群、居住域、集落域和集落间等五个层次（周直、朱未易，2002）。英国学者将人居空间分为八个层次，由大到小分别为国家、州、地区、居住园区、居住邻里、住宅楼、居住单元和个人居住空间（徐瑞祥，2003）。人类聚居学创建者道萨迪亚斯（C. A. Doxiadis）根据人类聚居的人口规模和土地面积的对数比例，将人类聚居系统分为十个层次，即家具、居室、住宅、居住组团、邻里、城市、大都市、城市连绵区、城市洲和普世城（吴良镛，2001）。吴良镛则在此基础上将人居环境范围简化为全球、区域、城市、社区（村镇）、建筑等五大层次（吴良镛，2001）。作为一个复杂的开放系统，随着社会的发展和科学的进步，人类对自然、资源的开发利用将不断深广，对人居环境空间尺度的理解也会与时俱进。

人居环境在内涵上的层次也十分丰富。我国学者在道萨迪亚斯的基础上将人居环境从内容上划分为五个系统：自然系统、人类系统、社会系统、居住系统以及支撑系统（吴良镛，2001）；或将人居环境分为四个分支：地下人居环境、地表人居环境、方位人居环境、营建人居环境（吴良镛，2001）；或直接将人居环境分为硬环境（如水文、气候）和软环境（如经济、文化等）（陈秉钊 等，2003）；另一些学者则认为人居环境的内涵应该是人文与自然相协调，生产与生活结合，物质享受与精神享受统一（周直、朱未易，2002）。各种分类方法都将与人有关的各项自然因素和人文因素囊括其中，显示出人居环境概念是随科学和社会的发展不断深化和拓展的。

1.2.2 人居环境的生态线索：从生态的萌芽到失落，最后觉醒

人居环境的发展与人类和自然的发展一致，并深受人地关系认识的影响。人与自然的关系经历了"环境决定—选择创造—技术对抗—环境伦理—调节—可持续发展的追求"的过程（蔡运龙，1996；王爱民、缪磊磊，2000），人居环境发展则经历了以下过程（吴良镛，2001；陈秉钊，2003；黄岚，2006；蔡运龙，2007；周晓芳 等，2007；周永章，2008；许学强 等，2009）：

（1）朴素的生态观念阶段。工业社会以前，生产力水平低下，人对自然产生潜意识的、朴素的崇拜，人类的居住受环境影响非常大，人居环境具有与自然结合、简单、因地制宜的明显特征。朴素的生态思想开始发展，如中国倡导人与自然和谐统一的"天人合一"思想以及风水和《易经》中的天地人统一的系统生态思想等。生产力低下的时代，人类对自然规律的认识有限，对自然的崇拜决定了生态思想贯穿着人居环境的选择和营造。

（2）工业文明时代下生态的失落。18世纪的工业革命开始了人类以技术对抗自然的过程，过分强调人类改造自然、征服自然。以高速度掠夺自然资源的工业文明最终导致城市的无序扩张，人类不断与自然空间脱离，各种城市问题涌现，人类在享受技术带来的人居环境设施改善的同时，也承受资源枯竭、环境污染、城市化加速等各种后果。人居环境问题因此受到前所未有的关注，学者们开始关注如何为人类建设更优的环境。这时期的学术思想大致可以分为两个类型（许学强 等，2009）：

一是崇尚自然，注重人文。以霍华德（Ebenezer Howard）1898年的"田园城市理论"、盖迪斯（Patrick Geddes）1909年的"生活图式"、芒福德（Lewis Mumford）1938年的"人文观、区域观、自然观"为代表。他们主张改善自然，将自然环境作为人居环境建设的背景，追求区域自然和人文的和谐。这一时期的思想家主张大中小城市结合、城乡结合，反对乡村土地被侵占，闪烁着生态思想的光辉。

二是城市主义。技术发展有力地促进了城市化，土地不断减少，人居环境研究也进入了城市主义时代。可以说，法国建筑师勒·柯布西耶（Le Corbsuier）代表的城市集

中主义是人居环境研究进入城市主义时代的明显标志。他主张充分利用技术成就，建造高层高密度的建筑群，使城市集中发展，期望通过对现有的城市进行重整来实现城市的改造。他先后提出了几个城市建设方案——"明天的城市"（1922 年）、"伏瓦生规划"（1925 年）和"光辉城市"（1931 年），这些方案都采用高度密集的形式，形成所谓的垂直花园城市。

这一时期学者还重点研究城市空间结构的优化，以《雅典宪章》（1833 年）为标志以及以工业区位论为代表的基于功能主义和机器美学原理的城市理论占据主导地位（黄岚，2006）。例如，伯吉斯（E. W. Burges）1925 年提出的同心圆模式、霍伊特（Homer Hoyt）1936 年提出的扇形模式以及哈里斯（Harris）和乌尔曼（Ullman）提出的多核心模式（1945 年），这三大经典模式创造性地分析了居住区在城市中的布局和功能。

人居环境犹如有机组织，其空间发展具有一定的随机性。功能主义强调城市要有明确的结构和组织，并将城市机械地分割为居住、工作、交通、休闲等不同的功能分区（黄岚，2006）。在这种情况下，佩里（Clerance Perry）于 1929 年提出"邻里单位"理论，认为应以"邻里"为细胞，以交通为网络，安排布置日常生活，并成为社区理论的先驱。沙里宁（Eliel Sarrinen）（1942）则提出"有机疏散论"，主张将日常生活和工作集中的区域集中布置，不经常使用的区域则分散布置，以减少交通的消耗。赖特（F. Wright）（1935）提出"广亩城市"概念，认为城市应与周围的乡村结合在一起，平均每公顷居住 2.5 人，又被称为城市分散主义。

城市主义时代的人居环境建设和城市的发展密不可分，学者研究的重点主要在和人类经济活动紧密相关的城市上。这是城市研究思想最为活跃的时期（周晓芳等，2007）。

（3）生态文明的全球化。随着环境危机的愈演愈烈，以及上世纪 30—60 年代出现的世界著名"八大公害"事件（林肇信等，1999），环境危机的警钟开始敲响。以生物学家卡逊（R. Carson）1962 年出版的《寂静的春天》，以及罗马俱乐部 1972 年发表的《增长的极限》为标志，学者开始致力于与人类居住环境息息相关的生态保护的探索，并逐渐发展为全球化的运动。一系列活动标志着人居环境生态文明全球化时代的开始：1972 年在斯德哥尔摩举行了第一次联合国人类环境大会；1986 年开始联合国将每年 10 月的第一个周一定为"世界人居日"；1992 年里约热内卢联合国环境与发展大会高举环境与发展的旗帜，并通过了《21 世纪议程》。在人居环境受到世界各国重视的同时，各国各地区纷纷建立人居环境指标数据库，实施人居环境的动态监测和管理。如联合国欧洲经济委员会环境、住房和土地管理司建立了住房和建筑数据库（Environment Housing and Land Management Division，2009），联合国人居署福冈办事处针对沈阳、贵阳、长沙、株洲、湘潭等城市建立的中国城市发展战略绩效指标体系（联合国人居署福冈办事处，2002）。

1.2.3 现代人居环境研究的理论和实践

吴良镛（2001）认为，自从道萨迪亚斯辞世后，国外人居环境学长期处于衰退状态。实际上，如果从非建筑学的角度来看待这个问题的话，人居环境研究的理论或实践一直都未停止过，并取得了很多成果。本研究以 1992 年（即里约热内卢联合国环境与发展大会通过了《21 世纪议程》）为现代人居环境研究的起点，对 1992 年以来与生态内容相关的人居环境研究进行总结。

1.2.3.1 国外

现代人居环境研究的中心问题是寻求人类在生态环境和生态系统中的最佳位置，并获得最优人居环境。国外在这一方面开展得较早，以发达国家为代表，主要集中在城市规划、城镇体系、居住空间分异、乡村研究[①]等方面。发达国家政府主导居住环境的评价指标体系建设、规划和优化工作，大学则从实践出发，不断在居住区和住宅这一层次上进行探索。研究内容上，城市和乡村都有所兼顾，研究尺度广泛且层次清晰，研究方法和技术手段多样化。

（1）城市。城市研究方面，大量深化修正与实证研究工作集中在郊区化、多中心化、全球化、信息化（知识经济）、管治思想、交通运输条件改变、公共物品和污染的外部性、收入和税收及政府相关法规、政策对空间结构演化以及对土地利用性质与效率的影响等方面（Gustafson E J, et al., 2005；陈鹏，2006）；在城市规划编制上，防止无计划的过度城市化，注重多学科的综合规划，把城市建设规划与经济发展计划、社会发展规划、科技文化发展规划以及生态环境发展规划相结合（Susan S, 2000；周永章等，2000）。规划的范围从国土、区域、大城市圈、合理分布城镇体系等方面进行综合布局，使人口与生产力布局和城市规划相协调，城乡融为一体，大城市的布局形态也由封闭式的单一中心布局渐为开敞式的多中心布局所取代，并把生态理念和多角度的方法作为规划的重点内容和目标（李志刚 等，2006）；在城市居住空间研究上，居住空间结构以及居住空间分异研究，居民住房选择及其决策行为，居住空间结构的社会、文化和制度因素研究等成为重点内容（万勇、王玲慧，2003；刘旺、张文忠，2004；黄志宏，2007）。

人居环境优化的实践活动在西方正受到前所未有的关注，一些发达国家政府建立了生态居住区评价体系，如美国的 LEED 标准、荷兰的 Eco-Quantum 标准等（熊鹰 等，

---

① 国外的乡村转型来自乡村承接城市人口的压力。发达国家经过长期发展，城乡差别已经不大，因此乡村转型也是空间的转型，相应于乡村景观的转型。

2007)。美国在人居环境问题的全国性研究与实践方面有自己独到之处，并施以制度保障，直接导致了此后在美国和欧洲兴起的社区理论和邻里复兴运动。美国政府在1969年制定并实行一系列与人居环境保护开发有关的法规条例的基础上，于1993年开始在《可持续发展设计指导原则》的指导下大力推进社区建设（李王鸣 等，2000）；英国政府在2000年系统地提出了"创建可持续发展住区"的8项评价标准（李王鸣 等，2000），分别涉及资源消耗、环境保护、社会公平、公共参与和决策、经济活动及综合评价等多个方面；1994年，莫斯科市通过并开始实施《莫斯科生态综合规划》，以遏制人居生态环境恶化（吴国兵，2000）；巴黎早在1965年就提出了保护老城区风格、发展五大卫星城的规划，1994年又组织了全国的规划、建筑、园林、艺术专家进行论证和修订，注重城市绿色空间、自然环境、乡村空间环境的优化（吴国兵，2000）；新加坡政府非常重视对自然生态的保护和绿化区的营造，以及公共服务体系的建立，并落实到具体的居住政策上，目前新加坡基本实现了"居者有其屋"，成为各国政府在居住政策上的最好借鉴（吴国兵，2000）；"生态循环城"计划是瑞典一个具有深远意义的环境工程，这个计划在保护资源的前提下使瑞典近年来人居环境大为改善（祁新华 等，2007）；荷兰在资源有限的条件下采取了一系列有效的国家规划与管理政策，将土地利用和交通规划综合纳入环境发展战略中，强调对环境的考虑、保护绿地和控制都市发展用地（祁新华 等，2007）；德国可持续住区建设和生态技术研究一直走在世界前列，从20世纪70年代开始就强调住宅质量和居住环境质量的提高，90年代以后则更关注生态，开始推行适应生态环境的住区政策，特别强调城市发展必须在改善环境、恢复自然生态基础的目标下进行（祁新华 等，2007）。

（2）乡村。国外在乡村人居环境优化方面的主流观点是将乡村纳入城市发展，依靠城乡的联动实现乡村居住环境的优化（NUHT，2004；李伯华 等，2008）。联合国人居环境中心在1996年的《伊斯坦布尔宣言》中强调努力实现城市、城镇和乡村不同层次的人居环境的可持续发展。1999年欧盟通过《欧洲空间展望》，强调城乡合作和功能整合，实现乡村的转型，乡村由生产功能向多元化的功能发展，打破传统乡村空间的封闭性，向开放性和公平性的乡村空间发展（NUHT，2004）。2004年联合国世界人居日的主题是"城市—乡村发展的动力"，再次强调城乡关联发展的重要性是乡村发展的重要力量（NUHT，2004）。在实践方面，生态是不变的理想，英国学者规划设计的马焦卡科技新镇，以基于生态保护的紧凑和良好的交通为主要特色（贺勇，2004）；韩国汉城大学从可持续发展的生态角度出发规划和设计了孟德里生态村，进行乡村型绿色住区模式的探讨（贺勇，2004）；美国学者则关注乡村的可持续发展的实践（Wely J，1998），研究较为深入，甚至包括了房屋建筑密度和等级对居住的影响（Schnaiberg J, et al.，2002）等。

在技术方法方面，目前国外以国家级别的人居环境影响评价以及基于3S技术人居环境数据库的建立为主（郑佳 等，2005）。此外，新技术革命、现代科学方法论，以及电子计算、模型化方法、数学方法、遥感技术等得到大量应用，并比较注重人居环境的生态和人文因素，以及结合心理和行为的技术和方法。例如，有美国学者以生态学方法研究高速城市化的城市生态系统中地面温度、植被和人居环境之间的关系（Darrel Jenerette G，et al.，2006），依据行为心理学方法研究 1980 年到 2000 年美国中西部地区环境愉悦因子与人居环境模式演变的关系（Gustafson E J，et al.，2005），以及对乡村聚落中居住满意度的研究等（Filkins R，et al.，2000）。

1.2.3.2　国内

国内人居环境涉及建筑、规划、园林、地理、生态、社会学等不同学科领域。

（1）城市人居环境优化。改善城市生活和居住环境，是目前城市人居环境优化研究的主要目的，也是目前国内人居环境研究关注的热点领域。在理论方面，有钱学森（1990）提出的"山水城市论"、居住区规划理论（朱锡金，1994），以及 1994 年中国政府通过的《中国 21 世纪议程——中国 21 世纪人口、环境与发展白皮书》特别提到的"人类住区可持续发展"。在实践方面，很多学者以经济发达地区大城市为主要研究对象，从城市生态、可持续发展等多方面进行城市优化研究，并在政府的推动下进行了许多城市规划实践活动（陈秉钊，2003；蔡运龙，2007；周晓芳 等，2007；温春阳，2009）。

（2）人居环境评价。人居环境评价目前的研究主要集中在评价指标体系的建立上，大致可以分为以下三类（朱锡金，1994；吴志强 等，2004；李健娜 等，2006；俞兵、严红萍，2006；翟建青、李雪铭，2006；周晓芳 等，2007；邓茂林 等，2008；鲁春阳 等，2008；刘学、张敏，2008；封志明 等，2008；刘新有 等，2008；谭少华、赵万民，2008；李伯华 等，2009）：

——环境综合评价体系。这类评价体系的特点是：把人居环境中的自然环境或环境污染对人体和生物的影响作为主要评价因子，或者引入人口密度、居住、交通、土地利用、文化教育、社会服务设施等因子，对人居环境进行综合评价。如对中国不同地区人居环境的自然适宜程度及其空间规律性的研究（封志明 等，2008）、人居环境的气候评价（刘新有 等，2008）、建设部经过多年实践提出的"城市环境综合整治考核指标体系"等。

——人居环境满意度指标体系。这方面研究主要从方便居民生活角度出发，评价其能否满足居民的居住生活需要、配套服务设施及其他物质和非物质结构能否提供适宜的居住条件等。例如，从保健性、安全性、舒适性和方便性等四个方面对小区的居住环境进行评价（朱锡金，1994）；从居民对人居环境的感知、居民期望、居民评价、社会影响等四个方面构建人居环境质量满意度评价指标体系（俞兵、严红萍，2006）；还有学者在评价中提出居住区环境质量评价指标应考虑自然和社会环境要素，将管理能力作为评价指标之一（吴志强 等，2004）。

——可持续发展的人居环境指标体系。可持续发展是时代的标志，参照可持续发展的各种指标体系，从事人居环境研究的学者们较热衷于构建可持续发展的人居环境指标体系。这方面的研究不胜枚举，学者们从生态、经济、社会、技术等方面进行因子挑选和分析（吴志强 等，2004；杨国华，2006）。相关的指标体系在实际运用中主要用于城市人居环境评价；但也有学者应用于乡村的研究，并建立了乡村人居环境评价指标体系（李健娜 等，2006；刘学、张敏，2008；李伯华 等，2009）。

此外，有的学者从区域、城镇、社区、家居等四个层面构建可持续发展的人居环境指标体系（吴志强 等，2004），但其指标体系仍然从经济、社会、资源环境等方面构建；有的则专门从人居环境和经济发展协调方面构建评价体系（翟建青、李雪铭，2006；邓茂林 等，2008；鲁春阳 等，2008）；有的则从能量输出输入的特点出发构建人居环境的可持续发展评价能值指标（谭少华、赵万民，2008）。

中国城市科学研究会研究编制的《宜居城市科学评价标准》、建设部主持的课题成果《城镇规模住区人居环境评估指标体系研究》指示我国城市人居环境科学评价指标体系已初步建立。

（3）风水理论和人居环境研究。风水理论是中华民族在几千年历史文化进程中积累的人居经验，其朴素的生态和谐观与独一无二的生态美学内涵是中国人居环境优化的核心理论和实践。一般认为（高友谦，2004）风水学形成于先秦，完善于魏晋，鼎盛于唐宋，衰落于明清。纵观自古到今中国人对风水宝地的选择和营造，可见风水对建筑和人居环境有积极作用。

1）风水的核心思想及对现代人居环境科学理论的启示。有学者指出（高友谦，2004；朱镇强，2005），风水立论依据为理、气、数：理，就是不以人的意志为转移的天体运动规律；数，指天体所处的位置具有一定的量和轨道；气，即能量（高友谦，2004）。在风水学看来，宇宙的运动规律和地球自然环境的变化关系密切，并与人的发展规律（风水中主要指命运）有相当的联系。风水的最终目的是寻求宇宙、地球和人类在纷繁复杂的变化中达到在规律上、能量上、位置上有最佳的统一，也即为"天有天心，地有地心，人有人心，如三心一正，百邪隐避，三心不正，百邪作祟"[①]。可以说，天地人三心合一的思想比现在注重人地和谐的主流思想更进一步，也许于若干年后是人类发展的思想主流，相应地也有益于人居环境研究。

据前人阐述（沈新周，清代；张九仪，清代；菊逸山房，清代）及本人整理，风水对于地理的空间格局和演变规律可描述为：无极→太极→两仪（阴、阳）→三才

---

① 此句话出处不得而知，常见有关易经研究的书籍仅仅显示："世尊曰：天有天心……。"

（天、地、人）→四象（少阳、太阳、少阴、太阴）→五行（金、木、水、火、土）→六甲（天干与地支依次相配而得六十甲子）→七辰（日、月、金、木、水、火、土）→八卦（乾、坤、坎、离、震、艮、巽、兑）→九星（贪狼、巨门、禄存、文曲、廉贞、武曲、破军、左辅、右弼）→十二水口（长生、沐浴、冠带、临官、帝旺、衰、病、死、墓、绝、胎、养）。[①]

风水主要分为两个派别（高友谦，2004）：以研究天理命数为主的理气派和以研究地形地势为主的形势派。理气派的学说只以祖传隐秘的形式传承，有很神秘的外衣，加上时代的变迁和其迷信的色彩，实际上目前基本失传。形势派对择地和环境营造有相当的研究，如"地理三纲五常"之说对现代人居环境选择和营造有很好的借鉴作用。三纲为：全脉为富贵贫贱之纲，明堂为砂水美恶之纲，水口为生旺死绝之纲；五常为：龙要真，穴要的，砂要秀，水要抱，向要吉。其中心思想是以"龙、穴、砂、水、向"地理五诀为主要因子塑造理想的"风水宝地"。即融入了建筑、地质、水文、气候、生态、景观等多方面合理内涵的理想风水空间模式，是人居环境生态优化的最佳模式之一。

2）人居环境的风水研究现状。风水的意识始终贯穿于人类对居住环境的选择和营造中。目前对风水的研究主要表现在简单实用的借鉴上，对其生态思想和理想景观模式也有探讨（俞孔坚，1990）。

风水理论中的山水城市思想在城市规划方面得到了很好的体现。风水理论认为，城市应"负阴而抱阳，冲气以为和"[②]。这一理念的中心是城市选址应背山面水（杨柳，2005），与时下流行的以建设山水城市为主要取向的城市规划思想一致。另外，由于生态的内涵和山水组合的思想，理想风水空间模式也被视为生态城市的空间结构之一。

总的来说，我国的人居环境研究主要借鉴西方的理论和思想，但实际上风水对古代人居环境的发展有一定的积极作用，去掉其迷信的成分，对传统风水进行正确把握，结合时代的需求，无疑是发展有中国特色的人居环境科学研究的主要途径。

（4）山地和乡村人居环境研究。我国是一个典型的农业大国，有着广大的乡村；我国更是一个多山的国家，有2/3的面积为山地或丘陵地带，大多数乡村都处于山地地带。因此，山地研究和乡村研究经常是结合在一起进行的，山地和乡村的人居环境研究也体现在对山地和乡村的各种关注上。

在山地人居环境研究方面，很多学者立足于各地区的特殊地形、地貌，做了大量关于山地人居环境的研究，具有重要的理论和实践意义（赵万民，1999；黄光宇、杨培

---

① 据花江研究区康家岩风水爱好者刘登海口述及查阅相关资料整理。

② 出自老子《道德经》，即城市应背阴抱阳，才能生"气"，阴阳二气冲荡而万物和（杨柳，2005）。

峰，2002；赵炜，2005）。黄光宇将由各种自然生态敏感地带和人工绿化区整合而显示出明显集约生态效益的立体生态体系，总称为"三维集约生态界定"，并以此为指导，在三峡库区等地区完成了许多山地城镇的规划（黄光宇、杨培峰，2002）。赵万民针对三峡库区的人居环境进行了探讨（赵万民，1999）。赵炜对乌江流域人居环境建设进行了较为系统性的研究（赵炜，2005）。另外，还有学者在山地城镇人居空间结构脉络研究中提及社会秩序、文脉等因素（郑玮锋，2002），虽未作深入研究，但对目前山地人居环境研究中较为缺乏的人文方面来说，是个良好的开端。

在乡村研究方面，人居环境研究主要针对乡村聚落、乡村景观、乡村地理学、乡村文化、少数民族文化聚落、社会主义新农村等方面，具体包括乡村聚落空间结构、农村聚落空心化、乡村景观功能评价、乡村景观空间格局及生态规划、乡村城市化以及城市化过程中乡村聚落空间演变、农田景观、社会主义新农村建设评价等（金涛 等，2002；李贺楠，2006；胡希军 等，2007）。也许是目前城市化趋势下城市与乡村之间界线逐渐模糊的原因，乡村研究较城市研究来说，不管是理论还是方法论都大大落后。英国乡村地理学家克劳特（Clout，1992）指出，"乡村地理学一直是经验式的描述，缺乏公认的理论"。他把乡村地理学称为非理论性的描述性研究（untheorised descriptive research agenda），提出"乡村地理学是否已经走入了绝境"这样的疑问（张小林、盛明，2002；周心琴、张小林，2005）。在我国，乡村研究在上世纪得到了较大的关注，以一批资深地理学家、社会学家为代表，如费孝通、李旭旦、金其铭、郭焕成等。目前，西北大学、西安建筑科技大学、南京师范大学、四川大学等单位在这方面的研究较有代表性。如西北大学陈宗兴等（1994）就陕西地区系统性地进行了乡村和乡村聚落空间结构研究，四川大学刘邵权（2005）进行了农村聚落生态理论和实践研究，南京师范大学张小林等（2002、2005）对乡村地理进行了一系列探索。

（5）其他方面的人居环境研究。除集中于上述领域外，很多学者还从不同的区域和视角开展人居环境研究。有学者引入社会心理学关于"意象"概念，从"心理图像"的角度探讨聚落形态特征，并在此基础上提出中国南方传统相应的景观区划分方案（申秀英 等，2006）；有学者从人居生态单元、小流域等区域综合体和空间视角对人居环境进行研究（贺勇，2004；赵炜，2005）。

（6）人居环境研究的方法论问题。自然科学注重对规律的认识和法则的追求，人文科学则形成特有的理解、直觉、智慧、描述等方法形态。而自然科学和社会科学之间的桥梁学科，如地理学，对方法论的争论至少持续了上百年（白光润，2006）。人居环境科学作为系统的科学，方法论是必不可少的因素。吴良镛提出（2001），"人居环境科学应被视为关于整体与整体性的科学"，"应进行融会贯通的综合研究"，即为人居环境科学提供了一个采百家之长、以备创新的方法论。分析现在人居环境研究的学术论文可以发现，研究者大多使用建筑学、城市规划学和地理学相关的方法，定量的和定性的皆有，除了借鉴系统学、生态学、地理学的研究方法外，更加注重层次分析、模糊评判、遗传算法等数学方法在人居环境评价研究中的应用（王园园，2006；孙志芬、王永平，2007；李雪铭、李明，2007），并应用计算机技术、遥感（RS）和地理信息系统（GIS）进行辅助（柴峰、李君，2003）。从地学角度出发，利用遥感、GIS等技术手段对区域尺度人居环境自然适宜性评价方面的研究是一个重要维度或视角（封志明 等，2008）。

在自然科学和人文社会科学相互渗透的时代，综合的研究方法经常是学科发展之路。人居环境研究涉及面广，评价人居环境的指标体系数据量庞大，具有明显的时间和空间特点，因此遥感和地理信息系统技术是一个较好的支持。本书采用的人居环境科学的研究方法是：以生态观念为指导，以区域地理背景和人文精神为基础，结合先进技术和方法，建设可持续发展的人居环境。

（7）国内人居环境研究总结。人居环境研究离不开对城市的关注，对城市病理特征的描述及反思促使人居环境研究重点从城市尺度转移到居住区尺度上。随着生态成为全球性问题，生态人居环境被提高到全球性区域可持续发展的高度。在中国，早期的风水理论为人居环境建设提供实践指导，科技的发展和社会的进步使国内人居环境研究和建设更具有实际可操作性。相应地，国内人居环境的研究范围不断扩大，由最初的城市尺度扩展到了区域、社区和小区尺度。目前，中国人居环境研究有以下特点（周晓芳 等，2007）：

——人居环境研究的二元性。这个特性表现为在中国城市和乡村地区实行的是两套不同的人居环境发展政策。在人居环境研究领域，研究城市的专家只注重城市问题，偶尔涉及农村地区，也只是突出农村对城市的服务功能；研究农村的学者则只从农村本身现有问题出发，而忽视了城市对农村的影响。而且，我国学者对山地和乡镇的研究还停留在阐述现状、提对策阶段。因此，我国的人居环境研究在城乡研究分离二元性的基础上，还具有重城市、轻乡镇，重平原、轻山地的特点。

——实践上的政府主导型。我国学者在人居环境研究理论上思想积极，但研究分散，体系性差，在推动政府决策方面作用弱。

——技术上重评价。无论是指标体系构建还是案例分析，目前研究者们较为热衷于对人居环境现状的评价，国外的居住区设计、邻里单元理论等具有实操性的设计在我国还不多见。

——人文研究的缺乏。人居环境是一个综合性的系统，作为人居空间的行为主体，人的居住行为随环境变化而变化，因此社会、经济、文化等相关环境研究也非常重要。近年来，我国在土壤、水和大气等环境及全球变化方面的研究取得了可喜的进展，但主要是从自然地理角度和宏观尺度出发，人文研究相对较少，只是在人居环境评价上稍有涉及，或在部分的山地城市和民族聚落研究中有所体现，需要进一步深化和发展（赵万民、王纪武，2005）。

另外，人居环境的演变和发展的研究主要集中在古代择居的演变，对现代人居环境演变规律的总结集中在大城市（祁新华 等，2008），较少展现人居环境在地理过程中表现出来的独特性和整体性，且与社会文化环境联系不够紧密。

展望人居环境研究的未来，区域的视角、综合的思想、生态的理念、人文的精神、自然的设计、可持续发展的目标，是人居环境研究者所应具备的。

1.3 喀斯特人居环境研究现状

喀斯特是典型的生态环境脆弱区域，因而针对喀斯特环境的脆弱性问题以及如何保护环境的研究一直占有重要地位。近年来，有关喀斯特地区的研究在石漠化、土地利用/覆被变化、生态环境脆弱性以及人地关系突出矛盾等方面尤为集中。分析收集到的资料，涉及人居环境研究的主要有以下方面：

——生态环境脆弱性问题，主要从生态环境承载力、人口、贫困、脆弱性驱动力、脆弱度等级划分、脆弱性评价等方面进行（何才华，2001；杨晓英、汪境仁，2002；张殿发 等，2002；王言荣 等，2002；谷花云，2004；王密，2006；吴良林、周永章，2008；吴良林，2008）。

——可持续发展研究，包括可持续发展的困境与对策、发展模式、指标体系构建和评价、农村社区可持续发展研究等（苏维词、朱文孝，2000；陈刚才 等，2000；马文瀚，2003；李廷正，2003；周永章、王树功，2006）。

——聚落形态研究，这方面研究较为少见，主要有对黔东南少数民族聚落及黔中安顺地区屯堡聚落的研究（熊康宁 等，2004；陈顺祥，2005）。

——土地利用/覆被变化研究。土地利用是人居环境景观的主要表现方式，利用GIS技术对土地利用类型进行空间分析、过程研究以及动态监测，有利于掌握人居环境的空间结构和变化。目前有关贵州的土地利用研究较多，主要针对不同喀斯特地貌类型和地貌组合类型、城市土地利用、小流域土地利用变化、驱动机制等方面进行，并实现从单一尺度向多尺度变换、从格局研究向过程模拟和分析的转变（侯英雨、何延波，2001；熊康宁 等，2005；彭建，2006；谭秋，2006；马士彬、安裕伦，2008）。

——景观研究，主要利用GIS技术，结合景观生态学相关分析方法进行景观研究。这方面的研究正随着景观生态学的快速发展而得到加强（张雅梅，2004；李阳兵 等，2005；周梦维 等，2006）。

——从人地关系角度出发，探讨喀斯特脆弱生态环境和人类生存发展的矛盾，如人口环境容量、环境带来的贫困问题、少数民族的心理、环境移民等（安裕伦，1994；王丽明、杨胜天，1999；容丽，1999；容丽、熊康宁，2005）。

——注重自然环境的统一性和整体性在贵州省喀斯特研究中也得到了体现，小流域、城市等尺度的研究较多见。例如，乌江流域人居环境研究（赵炜，2005）是迄今为止从自然地理单元角度出发进行人居环境研究较为系统性的成果。

——喀斯特城市人居环境研究方面，主要涉及城市环境问题、城镇体系、城市化等（陈慧琳，2002；李亦秋、杨广斌，2007），如以贵阳市为例的城市人居环境优化研究、喀斯特山区城市用地结构问题、城市生态空间建设模式（苏维词，1999、2000、2005），以及利用GIS技术对喀斯特地区城市土地利用结构进行的研究，在一定程度上均可反映喀斯特城市的空间特征（侯英雨、何延波，2001）。

总的来说，传统的喀斯特研究主要集中于植被退化、石漠化、土壤侵蚀、水资源减少、旱涝灾害等自然过程方面。目前，与人居环境可持续发展有关的问题得到了越来越多的关注，但涉及人居环境空间格局和过程及其与区域生态环境之间的关系仍有待进一步深入。

1.4 研究意义

（1）将人居环境的研究与人地关系的发展规律及地理学人地关系认识的发展结合起来，以生态思想为线索，剖析国内外人居环境研究的理论和实践特点。并将人居环境研究看做综合研究的重要途径，通过对空间到地理学的空间再到人—地的地理空间体系逐层深化的总结和论述，将人居环境界定到人—地的地理空间范围，展示人居环境是联系人地的最基本的联结点，是人地关系地域系统的重要范畴，为人居环境奠定地理学角度空间研究的理论基础和研究框架。

（2）以住宅—聚落—人居环境的地理空间层次为线索，选取三个喀斯特典型地貌地区进行人居环境的实践研究，一定程度上可以丰富地理学的研究内容。同时，借鉴地理学空间理论的思想和研究方法，也可以丰富人居环境科学的研究内容。

（3）对三个喀斯特典型地貌区人居环境空间格局、演变过程的研究可以揭示喀斯特人居环境的区域独特性和整体性以及相应存在的问题，可以为喀斯特地区环境治理、生态恢复以及新农村建设规划提供依据。

（4）研究方法上，综合应用自然、文化、社会经济的各种研究方法，弥补了人居环境研究方法的不足。其中在研究中使用地理学GIS技术特别是空间数据探索、景观生态学的景观格局分析方法特别是景观格局指标的使用、基于Matlab的分析方法特别是BP神经网络的运用，以及研究中秉承传统文化研究的风水空间格局分析方法，等等，均是综合研究需要运用综合方法的反映。

（5）以生态观念为指导思想，以生态环境的治理和恢复为基础，结合对喀斯特地区人居环境空间格局、演变过程及相应人居特点和人居问题的总结，对喀斯特人居环境可持续发展提出优化建议及设计，具有一定的实践性和操作性。

1.5 研究目标、内容和拟解决的关键问题

1.5.1 研究目标

在剖析喀斯特地区自然地理特点的基础上，以喀斯特地区与居住相关的住宅—聚落—人居环境为线索，揭示喀斯特地区人居环境的空间格局和演化过程以及喀斯特人居环境的区域特性，进而探索喀斯特地区人居环境可持续发展的优化方案。

1.5.2 研究内容

本研究主要依托贵州三个不同的喀斯特地貌类型区（乌江—北盘江分水岭的清镇红枫湖喀斯特高原盆地区、乌江上游的毕节鸭池喀斯特高原山地区、北盘江中游的关岭—贞丰花江喀斯特高原峡谷区）进行。主要研究内容包括：

（1）喀斯特典型地貌区住宅空间分异。

（2）喀斯特典型地貌区聚落空间格局。

（3）喀斯特典型地貌区人居环境的空间格局。

（4）喀斯特典型地貌区人居环境的演变和发展。

（5）喀斯特地区居住环境空间的优化。

1.5.3 拟解决的关键问题

拟解决的关键问题包括：

（1）基于喀斯特高原地貌空间格局的三种喀斯特人居环境空间格局模式。

（2）通过对比分析，并结合不同时间断面的空间格局特点，得到喀斯特人居环境空间格局的特点及演变过程。

1.6 研究方法和技术路线

1.6.1 研究方法

本研究的研究方法包括：从地理空间基础理论以及人地关系理论出发，把握地理学

独特的区域和空间视角，结合喀斯特的区域地理背景和人文环境，以生态观念为指导，区域人地关系地域系统理论的思想为基础，以空间研究为重点，运用 3S 技术、景观生态研究方法、社会经济相关分析方法、数理统计分析方法，并结合最新的计算机软件和技术分析，对喀斯特地区人居环境作系统性研究。具体有以下几个方面：

（1）典型地貌类型区人居环境的遥感监测分析。以多年度的遥感影像、土地利用数据、地形图、地貌图、基础地理信息数据为基础，结合野外对地形地貌、居住用地特征、景观状况、土地利用、石漠化、土壤侵蚀情况等的了解，对研究区的人居环境进行遥感监测，重点内容包括：①以 ERDAS、ArcGIS 等软件为支持平台，建立适用于研究区土地利用类型和遥感信息之间的解译标志，再依照遥感解译标志对土地利用类型进行判读，采用人机交互解译的方式，编制不同时段的以居住用地为中心的土地利用类型图；②以 Arcview、ArcGIS 等软件为支持平台，抽取土地利用类型中的居民点数据，监测不同时间、不同区域、不同尺度上的居民点空间分布规律。

（2）典型地貌类型区综合调查。在广泛收集三个喀斯特地貌类型区已有的各类资料，包括地形图、地貌图、土地利用图、历年社会经济和人口统计资料、基础背景资料等的基础上，选择若干具有代表性的路线和典型样地野外实地考察，期间走访居民和进行问卷调查。调查内容主要包括：①不同喀斯特地貌及地貌组合下住宅的区域空间差异、聚落的形态和分布特征、空间结构等；②居住文化中的地域特点和传统风俗、居住风水、民族特点、社会阶层结构、聚落等级体系等相关具体问题；③当地居民对居住环境的认识和了解等。上述调查研究将为人居环境的综合研究提供重要的基础数据。

（3）数理统计方法、景观格局分析及区域空间差异分析。主要包括：①基于 SPSS 数理统计软件，利用社会经济统计方法，以区域差异研究为主，分析区域住宅空间分异；②以 ArcGIS、Arcview、Fragstats、Geoda 等软件为支持平台，运用空间分析、景观格局分析、地理信息图谱等方法，将不同时段土地利用类型图和抽取的居民点数据导入相关软件进行分析，获得水平梯度上的聚落规模差异、形态差异、分布差异以及土地利用、居民点的景观水平格局特征；③以 ArcGIS、Arcview 等软件为支持平台，以等高线为基础生成研究区 DEM，将不同时期土地利用类型数据、抽取居民点数据与研究区 DEM 叠加，获得垂直梯度上土地利用和居民点的空间分布、动态过程以及相应的景观格局信息；④将上述不同时间、空间、水平和垂直方向断面的人居环境空间格局综合分析，获得空间上和时间上的演变规律。

（4）社会经济统计和神经网络方法分析。运用社会经济统计学等方法对喀斯特典型研究区人居环境系统开展系统性分析，包括：①运用社会经济统计学等方法，结合数理统计的技巧，对研究区人居环境的经济、社会指标进行统计和定量分析；②利用神经网络及 Matlab 工具箱构建喀斯特地区宜居指数。

（5）基于生态的居住环境空间优化。运用生态的相关理论和方法，结合喀斯特地区人居环境综合研究成果，进行喀斯特地区人居环境发展优化调控研究，重点包括：①有层次、有目的、有系统地进行喀斯特居住环境空间优化，形成住宅—聚落—人居环境的等级系统治理和优化模式；②如有后续研究条件，可以以住宅模式为中心，以石漠化生态治理技术为依托，发展优化人居环境的示范户，积极开展人居环境优化的农村社区参与；③进一步选取示范村落，进行人居环境优化的生态综合治理方案及生态设计。

1.6.2 技术路线

本研究的技术路线如图 1.1 所示。

1.7 完成的主要工作量

本书主要进行了下列工作：

（1）文献检索和阅读。笔者对地理学经典文献和人居环境研究领域的经典文献、前沿文献和外文文献进行了广泛的检索和阅读，较为系统地掌握了人居环境这一研究领域的国内外发展情况。

（2）野外调研。利用两个暑假将近 4 个月的时间进行野外调研和考察，主要在三个研究区进行入户访谈、问卷调查、野外考察。问卷调查为自己设计的居住文化调查提纲和居民居住空间行为调查问卷，以及针对本研究所需的与住宅综合评价和居住综合评价相关的缺失数据的补充和错误数据的校正。在南方喀斯特研究院的支持和配合下，共完成覆盖三个研究区 120 户家庭的居住空间行为调查和居住文化调查，以及涉及三个研究区 29 个村的社会经济发展情况调查和 330 户居民入户调查缺失数据的补充和错误数据的校正及统计工作。另外，还在三个研究区所在的清镇市、毕节市、关岭县、贞丰县四个县市相关部门进行资料收集和座谈，并在贵州师范大学、南方喀斯特研究院及贵州省图书馆、贵阳市图书馆、相关政府部门及研究机构进行资料收集、访谈和数据统计工作。

（3）资料分析和数据统计。通过各种方式获得的三个研究区相关资料分析和数据统计的工作量非常大，而由于贵州师范大学和南方喀斯特研究院进行的各类研究均围绕石漠化治理和生态环境恢复进行，与本书相关的资料不多，因此也需要对收集的大量资料进行阅读和分析，形成本书的基础。特别是本书使用的住宅差异分析和人居环境综合评价的各类指标主要来源于"喀斯特高原退化生态系统综合整治技术开发"课题于 2007 年下半年和 2008 年上半年进行的分组社会经济调查和农户入户调查工作，该调查工作覆盖整个研究区，意义重大。其中，分组社会经济调查数据细化到三个研究区 29 个行政村 219 个村民组的 136 项自然、社会、经济指标，农户入户调查涉及三个研究区

第 1 章

绪

论

17

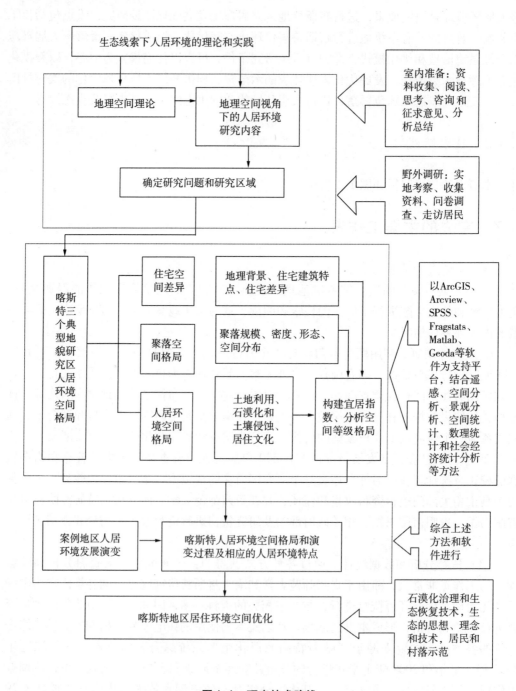

图1.1 研究技术路线

18

的 330 户家庭共 60 项问题。这些调查的数据还未实际使用，均为原始数据，在这方面的数据统计工作量非常大，且很多数据缺失或出入较大，笔者花了将近两个月时间才完成数据的补充、核对、整理和统计工作。

（4）数据分析、计算和制图。本研究主要以 ArcGIS、Arcview、SPSS、Fragstates、Matlab、Geoda 等专业软件为支持平台进行数据分析、计算和制图工作，并结合常用的 Foxpro、Excel、Mind Manager 等软件进行。涉及住宅评价和居住综合评价、土地利用、石漠化、土壤侵蚀、居民点、景观格局、结合等高线进行垂直分析等数据的分析计算和制图工作，这些工作一直贯穿研究始终，也是研究过程中需不断攻克的技术难点。在部分工作中，遇到软件工具不能解决的问题时，还需自行编写程序。对于获得的很多数据，特别是土地利用和石漠化、土壤侵蚀、行政区划、等高线、基础地理信息等数据，来源多样，分类方式不一，格式多样，处理和分析的难度很大。

野外及室内完成实物工作量列于表 1.1 中。

表 1.1　野外及室内完成实物工作量

项　目	工作量	完成者
文献阅读	文献 1400 多篇，书籍 125 本	作者
野外考察	4 个月	作者
野外照片	944 张	作者
入户社会经济情况调查 （含住宅情况）	330 户	课题组、作者
入户居住行为问卷调查	120 户	作者、课题组
社会经济调查汇总、 查缺、补漏和统计	29 个行政村、219 个村民组	作者、课题组
遥感监测和卫星影像解译 （土地利用、石漠化、土壤侵蚀数据）	3 个月	课题组、作者
制图	2 个月	作者
数据分析处理	3 个月	作者

本章小结

人居环境是人地关系的集中体现。本章评述了人居环境及人居环境研究的发展历程，认为人居环境在空间的延伸和内涵的扩大上遵循住宅—聚落—人居环境的层次。并重点以生态思想为线索，分析了1992年以前的人居环境研究，认为人居环境的发展深受人地关系认识的影响，对人地关系的认识经历了"环境决定—选择创造—技术对抗—环境伦理—调节—可持续发展的追求"过程，相应的人居环境的研究和实践也经历了生态萌芽—失落—觉醒的三个阶段。1992年以后的国外人居环境研究，内容广泛、方法多样、理论和实践较为丰富是其主要特点。国内的研究和实践存在很多特点和不足之处，其中特色风水理论具有生态美学内涵，是一个较受关注的领域。另外，人居环境优化和人居环境评价也是目前两个研究热点。

因而，区域的视角、综合的思想、生态的理念、人文的精神、自然的设计、可持续发展的目标是人居环境研究的重要支撑点。

最后，以地理空间整体性、综合性、分异性的思维，阐述喀斯特地区人居环境研究的意义、背景、研究目标、主要内容、关键问题以及研究方法和技术路线。

第2章 基于地理空间进行人居环境研究的理论基础和内容

空间是一个经典命题和研究对象，是哲学长期思辨的话题，也影响着地理学一直以来的发展，并主导着地理学家的地理认知和研究方法（哈特向 R，1963；普雷斯顿·詹姆斯、杰佛雷·马丁，1982；邦奇，1991；牛文元，1992；Robert W，1995；Egenhofer M J，Mark D M，1995；理查德·哈特向，1996；大卫·哈维，1996；Freksa C，1998；阿努钦 B A，1999；约翰斯顿 R J，2000；Gregory D，2000；Montello D R，2001；理查德·皮特，2007）。地理空间不同于物理空间、数学空间的抽象空间，而是落实到地球表面，和人类活动息息相关的抽象和具体。可以说，地理学的研究离不开地理空间，地理学也是对地理空间理解和表述的科学（哈特向 R，1963；普雷斯顿·詹姆斯，杰佛雷·马丁，1982；邦奇，1991；牛文元，1992；理查德·哈特向，1996；大卫·哈维，1996；阿努钦 B A，1999；Gregory D，2000；约翰斯顿 R J，2000；理查德·皮特，2007）。作为与人类居住息息相关的人居环境，无疑要以地理空间作为容器和内容来具体化。本章即是在"空间—地理的空间—人和地作用的地理空间—人居环境的地理空间"逐层深化的地理空间体系下构建人居环境研究的理论基础和内容。

2.1 空 间

空间，按照牛顿力学是指其中没有物质的三维空旷状态，是脱离物质而存在的；按照爱因斯坦的相对论，空间则是客观物质的存在形式（理查德·皮特，2007）。地理空间不同于以上两种经典观点，而是一个异常复杂的概念，对其认识和思辨有助于掌握地理学研究的核心问题和方法论。对地理空间的认知，由抽象的几何空间到具体的各种人类活动和现象，不停地影响着哲学和地理学领域的思辨（哈特向 R，1963；普雷斯顿·詹姆斯，杰佛雷·马丁，1982；邦奇，1991；牛文元，1992；Robert W，1995；Egenhofer M J，Mark D M，1995；理查德·哈特向，1996；大卫·哈维，1996；Freksa C，1998；阿努钦 B A，1999；约翰斯顿 R J，2000；Montello D R，2001；理查德·皮特，2007）。

（1）作为区域的空间（20 世纪 30—50 年代）。康德（Kant）发现空间是抽象的参考框架，不是事物自身的属性，能独立于物质而被检验，是主观的表现形式，反映的是认识主体而非已知客体的本质（理查德·皮特，2007）。这一空间哲学思想成为早期区域地理学家的地理空间哲学源泉，以哈特向（Hartshorne）的区域学派为代表，这一学派将地球看做区域，这种区域是分异的，只存在于思维中，是非物质存在的，地理空间实质上是绝对空间，或者是独特的区域。由于客观事物的存在和相互之间有关系，独特的区域后被哈维（J. F. Harvey）修正为相对独特的区域，空间也修正为相对空间（哈特向R，1963；大卫·哈维，1996）。

（2）社会物理空间（20世纪30—40年代）。"二战"期间，交通和区位的实践性观点在地理学中得到加强，但强调区域，缺乏现代的方法论使地理学缺少威望，系统地理学的主题在地理学科以外得到成功研究，其中以社会物理学派为主（理查德·皮特，2007）。这一学派强调空间的人类活动，认为除空间外，还有空间互动、空间分布以及空间关系，而人类活动表现为空间关系（Freksa C，1998），并将物理学和社会学混合研究，运用物理学原理和方法对地表人类活动进行研究。此阶段类似的地理空间理论如杜能（Thunen）1866年的农业区位论（将地理空间简化为"均质平原"）、韦伯（Weber）1929年与杜能持相同空间观点的工业区位论、克里斯泰勒（Christaller）1933年中心地理论（提出理想化的六边形等级结构）。

（3）地方（20世纪60—70年代）。从海德格尔（Heidegger）开始，空间也被视为容器，但这个容器是与世界关联不可分的。地方学派认为（Bunge W，1991；牛文元，1992；理查德·皮特，2007；阿努钦B A，1999）空间是地方的总体，事物在既定时间内存在于空间中，地方也能从占据它们的特定事物抽离。地方是人类活动的载体，人类活动反过来形成地方。地方的定义由于和区域、地区、区位等概念混淆，比较难把握，但重点强调居住和工作的经历。

（4）分离的空间（20世纪70年代）。同时期并存的除将地理看做空间科学的主流系统地理学外，还有空间分离学派。这一学派坚持反对把地理学看做空间科学，因此地理空间在意义上是不存在的（普雷斯顿·詹姆斯，杰佛雷·马丁，1982；理查德·皮特，2007；约翰斯顿R J，2000）。也就是说，存放地理事物的空间仅是容器而已，地理研究的空间也仅仅是几何空间。

（5）社会空间（20世纪70年代以后）。对社会关系的关注一直是地理学家的主要工作，但就社会关系和空间问题的结合探讨，最瞩目的当属勒费弗尔（Lefebvre）。他认为，空间是"精神的事物"，空间是社会产物，并由此形成了实际的空间生产的分析（普雷斯顿·詹姆斯，杰佛雷·马丁，1982；理查德·皮特，2007；Gregory D，2000；约翰斯顿R J，2000）。之后，社会空间的研究方法和社会物理学派的研究方法融合在一起，在社会学和地理学得到了较大的发展，并成为城市空间研究的主要内容。

事实上，对空间的关注远远不止这些。特别是地理信息科学出现后，空间认知便开始发展，并成为 GIS 的理论基础（Egenhofer M J，Mark D M，1995；Freksa C，1998；Montello D R，2001）。上述各种学派对于空间的理解在现代仍然是很多研究的理论基础，且对地理研究同样具有重要意义（表2.1）。

表2.1 有关空间解释的主要学派和观点

派别	关键词	主要观点	经典代表人物
区域学派	区域、分异性、独特性	地理学研究的是地球空间，这种空间不均匀分布，即区域性。区域是地理学的核心，区域是特殊的、综合的。区域是人的感知，是非物质存在的	哈特向、赫特纳、哈维
社会物理学派	空间、空间关系	强调空间的人类活动。除了空间还有空间互动、空间分布以及空间关系。人类活动表现为空间关系，并运用物理学原理和方法进行研究	舍费尔、约翰·斯图尔、齐普夫
空间分离学派	容器、几何空间	坚持反对把地理学看做空间科学，因此地理空间在意义上是不存在的。存放地理事物的空间仅是容器而已，地理研究的空间也仅仅是几何空间	萨克、梅
地方学派	地方、现象、经历	空间是地方的总体，事物在既定时间内存在于空间中，地方也能从占据它们的特定事物抽离	海德格尔、雷尔夫
社会空间学派	社会关系	空间是社会产物，地方这个总体是一个关系系统，空间研究社会关系	勒费弗尔、哈里、赛耶

资料来源：哈特向 R，1963；普雷斯顿·詹姆斯、杰佛雷·马丁，1982；邦奇，1991；牛文元，1992；Robert W，1995；Egenhofer M J，Mark D M，1995；理查德·哈特向，1996；大卫·哈维，1996；Freksa C，1998；阿努钦 B A，1999；约翰斯顿 R J，2000；Montello D R，2001；舒红，2004；理查德·皮特，2007。

2.2 地理学的空间

关于地理空间，不同的学者有不完全一致的认识。理查德·皮特（Richard Pitt，2007）认为，地理空间是社会力量作用下从自然环境向人文景观转变的地表延展。牛文元（1992）认为，地理空间是地球表层系统中各种地理现象、事物、过程等发生、存在、变化的空域性质。舒红（2004）认为，地理空间的存在包括以下方面：

——地理空间的地在，指地理空间的物理存在，其内容为地球表层物理空间（物理地理空间）。它是数字地理空间的原型和认知地理空间的物化。地理空间形式化为地理坐标系，内容化为地球表层系统（地理系统）。

——地理空间的人在，指人类社会生产和生活过程中意识到的地理环境空间，即认知地理空间。它是物理地理空间的主观抽象和数字地理空间的概念基础。

——地理空间的机在，指地理空间的机器化存在，其内容特定为数字地理空间。它是物理地理空间的机器模拟和补充，是人类认知地理空间的数字表达和计算伸展。

实际上，地理空间概念是哲学空间范畴的地理科学化，物理、化学、生物、社会、经济等科学规律在地理空间尺度上整合为地理科学。上述概念表述基本上满足了地理空间的要求，即将地理空间范围界定为地球表面，内容丰富为地球表面的自然地理或人文地理事物现象及其之间的空间关系，这些关系可以概括为地—地关系、人—地关系和基于地理空间的人—人关系。

2.3 人—地的地理空间

在地理空间的范围和内容中，人—地的关系和基于地理空间的人—人关系是空间的进一步延伸，将地理空间的范围界定到人和地两大系统的交界。

本研究对地理空间的论述主要是基于经典和传统的、哲学和思辨的，且随时代发展不断更新的基础理论，这些基础理论和方法有助于对地理空间分析知识的了解，并且是本研究空间分析观点和方法的基础。

2.3.1 性质

2.3.1.1 空间结构性

哈格特（Haggett）在描述地理空间结构的模式与秩序时，在节点区域分解出五个几何要素，后增加至六个（李晓峰，2004）：第一个要素是运动模式，即运动的起点和方向；第二个要素是关于运动路径或网络的特点，即特定的路径；第三个要素是节点，即运动路径的边缘和交点；第四个要素是这一系统中节点的层次，节点层次规定着该居住区域结构范围内各地的重要性；第五个要素是地面，指那些位于由节点（聚落）和网络（路径）形成的框架中的地面利用形式和程度；第六个要素是空间扩散，解释人类占据地面的模式频繁变化的空间秩序（图2.1）。空间扩散通常由一个或几个地方开始运动，顺沿路径、经过节点、跨越地面，达到不同层次。

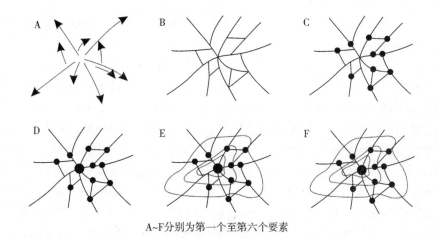

A~F分别为第一个至第六个要素

图2.1　哈格特空间体系图解要素

资料来源：李晓峰，2004。

哈格特的地理空间理论强调要素的组成以及运动和扩散的层次，是针对空间要素规律性的理论。莫里尔（R. L. Morrill）则认为，地理空间理解与理解人类行为有关，而影响人类行为的先决条件是距离，因此约翰斯顿（R. J. Johnston）将其地理空间理论集中为五大要点：①距离，即空间的分离；②可接近性；③集聚性；④大小规模；⑤相对位置。根据其空间要素和空间理论，空间结构取决于五种情况：①空间土地利用的梯度；②区域的空间等级；③不太规则但可预测的区位类型；④并非最恰当的区位；⑤空间扩散过程的变化（约翰斯顿 R J，2000）。

地理学家有关空间要素结构的研究还有很多，尼斯图恩（J. D. Nystuen）则摒弃"充满干扰的真实世界"，抽象地研究地理空间，将方向、距离、联系性或相对位置作为其抽象地理学（研究的是位置——抽象的地点，而不是区位——实际的地点）的概念；海恩斯（R. M. Haynes）基于多维分析的数学方法，界定五种基本维向：量、长度、时间、人口规模及价值；哈维认为地理学有这样一组空间概念：区位、近、距离、模式、形态。（牛文元，1992；理查德·皮特，2007；大卫·哈维，1996；约翰斯顿 R J，2000）

2.3.1.2　空间社会性

空间的社会性即空间社会理论或社会空间研究，它注重从空间研究提供对社会文化变迁的解释。空间的社会性是20世纪80年代末以来社会人文学科经历的一场影响深远的"空间转向"（理查德·皮特，2007；Gregory D，2000；石崧、宁越敏，2005；李小敏，2006；李健、宁越敏，2006）。法国马克思主义哲学家勒费弗尔将历史性、社会性和空间性结合起来，创立了空间的生产概念（理查德·皮特，2007；石崧、宁越敏，2005），将空间的生产归纳为三个方面：①空间实践（space practice）——一个外部的、物质的环境，包括了社会中的生产与再生产及其空间区位与配置组合；②空间的表征——某种空间的呈现方式，一个概念化的空间想象，且透过知识理解与意识形态来获取对于空间纹理的修改；③表征的空间（the space of representation）——透过意象与象征而被直接生活出来，是人们生活和感知的空间，是使用者与环境之间生活出来的社会关系。它们分别对应三种类型的空间："感知的空间（perceived space）"、"构想的空间（conceived space）"和"生活的空间（lived space）"，这意味着空间具有复杂的特质，在所有的层次上进入了社会关系（石崧、宁越敏，2005）。法国思想家福柯（Foucault）也十分关注空间在当代都市生活中的重要性，通过空间认识权力与知识间可能存在的各种关系（石崧、宁越敏，2005）；布迪厄（Bourdieu）则从象征权力的角度，讨论了社会空间的建构方式（李健、宁越敏，2006）；吉登斯（Giddens）的结构化理论包括了时—空论，其中的重要概念之一是场所（local），即与社会互动相联系的自然和人工化了的环境，他对不同类型社会间的接触联系极为关注，特意将它命名为"时—空边缘"（李健、宁越敏，2006）；哈维1989年出版的《后现代性状况》在描述时间与空间的巨大变迁时，使用了"时空压缩"（time space compression）的概念（李健、宁越敏，2006）；美国社会学家史域奇（E. Shevky）、威廉姆斯（M. Williams）以及贝尔（W. Bell）等人开展了城市内社会区的研究，从社会经济关系的深度和广度、功能分化、社会组织复杂化三个方面探讨了社会区的形成，并将三种因素影响下形成的三种社会空间类型叠加，形成了综合的城市社会空间理论模式（李健、宁越敏，2006）。受勒费弗尔、福柯思想的影响，一部分城市社会学家和地理学家对后现代的城市空间表现出强烈的兴趣，"空间的生产"这一社会空间观被广泛接受，并得到较大发展。如女性地理学家对空间的生产所要考虑内容的论述，以及文化地理学家从后结构主义和心理分析论出发的研究，使空间的生产和人文问题相互渗透（石崧、宁越敏，2005；中国地理学会，2007）。

2.3.1.3 空间相互作用性（社会物理学派）

社会物理学派关注距离与各种形式（如迁移和物质循环、流动）的相互作用，从人类的基本选择行为出发，在假设条件下构建空间距离与空间距离产生的各种形式之间关系的模型（Gregory D，2000；石崧、宁越敏，2005；李小敏，2006；理查德·皮特，2007）。如齐普夫（G. K. Zipf）根据"最小努力原理"——人在组织活动时要尽量减少劳务（包括运动）的量，提出近似于牛顿重力公式的距离衰减论，与之后的韦伯（Weber）、胡佛（Hoover）、廖什（Losch）等的区位理论以及芝加哥学派大量关于城市居住模式的研究等均可作为代表性理论。

2.3.2 内涵

2.3.2.1 地理空间与时间的结合

时空研究是将空间的三维和时间的一维结合，并有将时间度量空间的研究方法及时间地理学的产生。目前，人文地理学对于时空的认识已经形成三个基本的共识：①时间和空间通过行为和交互作用而生产或构建；②在不变的容器或规则几何中不可能把握空间和时间；③社会的生产和自然的生产密不可分（Gregory D，2000；石崧、宁越敏，2005）。如今是寻求这两种生产如何通过日常实践相互融合。

2.3.2.2 自然属性和社会属性的统一

地理学的空间是真实的世界。人地关系地域系统研究的空间，就是区域和空间要素、地球表面由于人类活动引起的各种事物和现象、各种关系的总和。同样，空间的产生、形态和空间行为及其之间的关系不仅取决于自然，也是文化、社会、政治和经济关系的产物（石崧、宁越敏，2005）。因此，空间应是自然属性和社会属性的统一。

2.3.2.3 水平系列和垂直系列的结合

自然地理学建立了水平与垂直相结合的地带性分布规律，成为地域分布的主要研究范式。在人地关系地域系统研究上，水平研究取得了系列成果，垂直系列还不是很多。陆玉麒（2002）对人文现象的垂直空间分布规律进行研究得出结论：①人文现象的垂直分异较自然现象复杂，这是迄今没有形成人文现象垂直分异规律普遍共识的主要原因；②人文现象的垂直分异以自然现象的垂直分异为基本背景；③人文现象的垂直分异，核心是聚落或城镇的区位确立问题。

空间是人类发展适宜人居环境的核心问题，综观古今中外，人类对聚居地的选择和营造与地理环境各要素结合，道法自然，寻求合理空间结构的思想屡见不鲜。基于此，本研究将关注的重点集中在人居环境的地理空间研究上。

2.3.3 空间统计学

其他学科发展起来的统计手段，主要集中在空间自相关分析、地统计学方法、景观分析、趋势面分析、分维分析、尺度方差分析、空隙度分析，以及结合物理分析理论的波谱分析和小波分析等。

由于地理学要考虑空间数据在空间上的相互作用，因而回归分析、主成分和因子分析等基于一般线性模式方法的简单套用对空间数据是无效的。空间统计学中，如何修正普通统计方法，考虑变量以进行地理空间分析一直是困扰地理学家的难题。随着 GIS 技术的发展，空间数据、资料的分析和整合能力大大提高，空间分析受到前所未有的关注和重视，地理学的空间理论和方法也得到了升华。

2.4 人居环境地理空间研究的理论基础

地理空间的范围被界定到人和地两大系统的交界，结合人居环境的内涵和外延，可见人居环境空间是地理空间系统的重要组成部分。相应的地理空间理论可为人居环境的地理空间研究提供充分的理论基础。

2.4.1 人地关系地域系统理论

地理学将人类活动中的地区差异和由此产生的空间相互作用、影响人类活动的距离、方向等空间要素以及真实世界中人—人关系和人—地关系作为主要研究内容，以表明其不同于几何学、物理学等科学的空间研究。地理学中空间的思想和理论汇集在地理学发展的历史长河中，关注空间也成为地理学的传统。这个传统在结构主义时期得到了极大的发展，并且使得空间成为人地关系的核心概念（王爱民、缪磊磊，2000；理查德·皮特，2007）。

大批学者的思想及其开创性工作奠定了地理学空间研究的地位和特点，并基于地理空间对真实世界进行了研究，发展了系列与人地关系地理空间相关的理论和方法（王爱民、缪磊磊，2000；Gregory D，2000）：李特尔（J. Little）的"空间组织原理"，拉采尔（Ratzel）的"生存空间"的观念，德国古典经济学派的地租理论和区位理论，美国芝加哥学派的城市生态空间理论，法国地理学者科利（Cury）的"复合体"空间概念，美国学者林奇（K. Lynch）基于意向研究的相对空间观，等等。其中以吴传钧从区域研究、空间分析和现代系统论整合角度出发的人地关系地域系统理论最为经典和体现地理空间特征（王爱民、缪磊磊，2000）。本研究认为，要进行人居环境研究，需运用整体性和综合性的观念和方法，强调自然地理单元的相对完整性，以及在此基础上的人类聚居现象和文化的整合。

人地关系问题伴随着人类的产生而出现，并随着人类社会的发展而不断进化。对地理学研究的核心问题——对人地关系的认识也经历了环境决定论、或然论、和谐论（或生态论）、文化景观论、行为论、可持续发展理论等（蔡运龙，1996；王爱民、缪磊磊，2000）。随着系统论、整体论和还原论等普通方法论的产生和影响，人地关系地域系统的系统性和整体性、综合性、反馈性逐渐成为地理学研究遵循的基本原则。

地理空间除了地表空间，还有在此基础上的人—地关系和人—人关系。吴传钧

（1991）将地理空间和基于人类活动的各种空间关系内化于地理学传统的研究对象——有人类以来的人与地球的表层系统，提出地理学的研究核心是人地关系地域系统，这具有奠基意义。吴传钧指出（1981、1982、1991、1998）：人地系统是由地理环境和人类活动两个子系统交错构成的复杂开放的巨系统，人地关系地域系统是以地球表层一定区域为基础的人地关系系统，也是人与地在特定地域中相互联系、相互作用而形成的一种动态结构。人地系统研究包括三个主要方面：一是以系统的观点开展地域分异研究，其产出是全国及大区的"自然—人文"区划、生态经济区划、陆地表层综合地域系统划分等；二是深入揭示人地系统的特性，包括其半开放性、非稳定性和或然性；三是发展综合集成研究方法。

针对人地关系地域系统的研究方法，部分学者提出（吴传钧，1981、1982、1991；金其铭 等，1993；李雪铭 等，2000），首先要分析构成系统的各部分，了解其相互关系，即从结构研究出发；其次，研究是具有地域性和空间层级性的；最后，研究的主题是系统要素相互作用的机制和演化趋势，特别是组成要素作用和系统演化过程间的互动关系。

因此可以进一步思考，在人地关系中，人类活动和地理环境两个子系统会有交集，这一交集就是人地关系地域系统。它虽然错综复杂，但由于人地关系矛盾中人居于主导地位，因此总能通过人类的发展规律找出最能体现人地关系本质的中心点，有学者称之为"联结点"（金其铭 等，1993）。这一中心点是随着时代的发展而不断变化的。在环境决定论的认识阶段，对自然的依赖使人地关系表现为人类怀着原始生态思想从自然当中获得赠予，这一时期人地关系的中心是获得足够的粮食、良好的居所；在可能论和或然论的认识阶段，人定胜天的思想使人类开始了自然的掠夺，人地关系矛盾转变为对立阶段，人地关系的中心是经济发展、环境问题、城市化、自然资源迅速减少；当自然逐渐报复人类后，人类生态思想的觉醒促使可持续发展成为主流意识，人地关系的中心是环境治理、社会和谐、生态文明。通过剖析人地关系的主要问题不难发现，目前的人地关系是围绕人居环境展开的，可以说人居环境是人地关系地域系统中的重要范畴，甚至有学者认为人居现象是联系人地的最基本的联结点（李雪铭 等，2000）。

2.4.2 文化景观理论

在近代科学实证主义思潮影响下，德国学者施吕特尔（O. Schlute）在拉采尔文化景观概念基础上创立了景观论，后经索尔（Sauer）等美国学者和苏联学者的推进，逐渐形成了景观流派（金其铭 等，1993；吴郁文，1995；Gregory D，2000）。索尔对文化景观的定义是"附加在自然景观之上的人类活动形态"，并主张通过文化景观来研究区域人文地理，用实际观察地面景色的方法来研究地理特征。索尔的学生怀特（Whittlesey）对景观的解释引入了"相继占用"的概念，认为景观是人类活动相继叠加的结果，表现出一定的阶段序列（申秀英 等，2006）。之后，文化景观研究广泛传播开来，1992 年联合国世界遗产委员会在世界自然遗产和世界文化遗产之外单列了一项"文化景观"遗产（周年兴 等，2006），确定了文化景观的理论和实践地位。

联合国教科文组织（UNESCO，2008）提出，文化景观是人类社会和聚落随着时间在自然环境提供的自然限制和机会以及延续的社会、经济和文化力量（外在的或内在的）影响下的有形证据。它们必须具有杰出的普遍价值并成为某一地理区域、文化特征的代表。可见聚落景观是反映区域文化景观的显著标志（Nassauer J I，1995），文化景观在地面的直接表现是聚落形态、土地利用类型和建筑样式（金其铭 等，1993；吴郁文，1995；约翰斯顿 R J，2000）。作为人类活动叠加于自然景观之上的景观形式，土地利用类型、聚落及其建筑最具持续性、标志性和代表性，人居环境则将以上内容有机整合，并落实到人居这一层面。因此，人居环境是文化景观研究的一个切入点，甚至可以看做核心问题，文化景观的相关理论和方法同样可为人居环境研究提供借鉴。

2.4.3　空间尺度—格局—过程理论

格局和过程是景观生态学的基本概念，景观和地理事象密不可分，且原本就是地理和生态学的交叉学科。本研究将空间尺度—格局—过程理论看做地理—生态空间尺度—格局—过程理论。

GIS 的空间认知和系统知识是了解地理—生态空间的尺度、格局和过程的基础，它建立在等级理论和 GIS 分析方法之上。等级理论对尺度研究有重要意义。有学者已运用等级理论将地理空间尺度分为大、中、基本三种，并就其结构组成进行研究，探讨地理空间的尺度及层次推理方法（鲁学军 等，2004）。

作为复杂巨系统的人居环境，其发展和演变与地理—生态过程密不可分。尽管由于人居环境的先天建筑学基因，这方面研究还不多见，但由于地理学家的加入，人居环境发展的空间格局—过程将越来越受到重视。这也是本研究的立足点之一。

2.4.3.1　等级理论

等级理论是 20 世纪 60 年代以来逐渐发展形成的关于复杂系统结构、功能和动态的理论。Simon 认为（邬建国，2007），等级是一个由若干单元组成的有序系统。等级系统中每一个层次是由不同的亚系统或整体元组成的。亚系统具有双面性或双向性，相对于低层次的亚系统表现出整体特性，相对于高层次的亚系统则表现出受制约特性（图2.2）。

根据等级理论，复杂系统可以看做由离散性等级层次组成的等级系统。等级系统具有垂直结构和水平结构。根据这种结构模式，等级系统的重要作用之一便是简化复杂系统，以便于对其结构、功能和动态进行理解和预测。

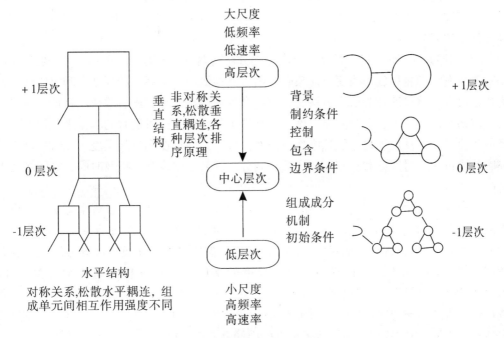

图2.2　等级理论及其主要概念
资料来源：邬建国，2007。

等级系统的等级性主要体现在尺度等级上面，并由不同等级的尺度决定研究的格局和过程，以及实现这种等级之间的转换。从目前对格局—过程的研究成果来看，地理—生态空间的格局—过程主要包含尺度研究、格局—过程相互关系以及驱动研究。

2.4.3.2　尺度理论

尺度（scale）在地理学中有着广泛应用。通常意义下的尺度即空间比例，是地图上的长度与实际长度的比例。但实际上，凡是与地球参考位置有关的数据都具有尺度特性（孙庆先 等，2007），因此尺度的含义是较为丰富的。

地理学中的尺度突破传统地图比例尺概念而快速得到发展基本是在 GIS 技术产生后。空间数据库可以包含很多种不同比例尺的地图，因此 GIS 使多比例尺表达成为可能，此时的尺度为空间分辨率。而在景观生态学中，由于景观的中心问题是异质性，不同尺度的景观异质性研究异常重要，因此尺度问题在景观生态学也逐渐具有研究对象、研究过程的时间维度和空间维度、由时间和空间范围决定的格局及其变化、用于信息收集和处理的时间或空间单位（肖笃宁 等，1997；孙庆先 等，2007）等含义。有一点毋庸置疑：尺度意味着抽象的层次，不同尺度上的现实代表着不同的事物。随着科学技术的发展，这种抽象的变换越来越容易，相反使得尺度问题日趋复杂。

尺度理论主要包括以下内容（肖笃宁 等，1997；黄慧萍，2004；李志林，2005；邬建国，2007）：

（1）尺度的类型。目前常见的尺度分类方法有两种（邬建国，2007）：一是从尺度的功能出发，即将尺度作为研究对象时，由于其根源于地球系统的复杂性和组织性，是为本征尺度；将尺度作为研究方法时，由于其本质是自然界的固有规律或特征，可以为人类感知并进行测量，称为测量尺度。这种分类的目的是通过适宜的测量来把握本征尺度的规律。二是从尺度自有的二维特性出发，分为时间尺度和空间尺度。此时尺度为研究客体或过程的时间维和空间维，注重空间分辨的粒度或像素，以及时间、空间维度上的幅度和范围。

不同的学科领域的研究目的不同，尺度类型也有不同含义。在景观生态学中，出于生态学的组织层次（如个体、种群、群落、生态系统、景观）在自然系统中的位置和功能（肖笃宁 等，1997；邬建国，2007）的研究需要，尺度又通常被分为组织尺度和功能尺度。Cao 和 Lam（1997）在时空尺度的基础上将尺度扩展为四类（黄慧萍，2004）：地图比例尺、地理尺度（即观测尺度，研究对象的时空范围）、运行尺度、测量尺度（即空间分辨率）；李志林则将地学中涉及的尺度问题按内容分类（李志林，2005），这种分类方式较好地表达了尺度的内涵（表2.2）。

表2.2　尺度的分类

分类准则	尺度类别
兴趣领域	数值、空间、时间、频谱、辐射（亮度）
研究区域	宏观、《＝＝》、地学、《＝＝》、微观
处理过程	现实、数据源、采样、处理、建模、表达
度量程度	列名、次序、间隔、比例

资料来源：李志林，2005。

（2）尺度效应。即尺度本身处于不同时空位置或进行转换时所引起的分析结果的变换（孙庆先 等，2007）。在地理空间数据处理中，当空间数据幅度、粒度（或频率）、形状和方向改变时，不仅分析结果会随之变化，研究对象的复杂性也有所改变。一般来说，较高的组织层次具有较大的空间尺度和较长的时间尺度，较低的组织层次具有较小的空间尺度和较短的时间尺度。因此，确定合适的研究尺度，掌握由尺度的变化产生的地理—生态效应是尺度理论的主要内容之一。

（3）尺度转换。也称为尺度推绎，是把某一尺度上获得的信息、数据、知识或结论扩展到其他尺度上，即不同时空尺度或不同组织水平上的信息转译于尺度的扩展方向。一般分为尺度上推和尺度下推（邬建国，2007）：从较小尺度观测结果获得较大尺度信息的向上尺度转换过程为尺度上推或尺度扩展，从大尺度上的信息分解成较小尺度的信息的向下尺度转换过程称为尺度下推或尺度收缩。尺度的转换及其带来的尺度效应是目前尺度研究中的重要课题。

尺度理论的研究目前主要集中在上述几个方面，并随着 GIS 的发展而得到更多的理论和实践上的关注。可以说，目前的尺度问题是地理—生态过程研究中极富挑战性的课题，也产生新的空间问题，是使得空间研究更为复杂的主要原因。因此在人居环境的研究中，要求选择最适合的尺度，通过尺度转换和尺度效应分析开展多尺度研究，获知其他尺度的信息，实现研究对象的整体性。

2.4.3.3 驱动分析

驱动分析主要用来揭示地理—生态系统变化的原因和驱动机制，包括自然驱动因子和人为驱动因子两个方面（Burgi M et al.，2004）。自然因素包括气候、地貌、水文、土壤和自然干扰等，人文因素主要涉及经济发展、人口变化、技术进步、制度变迁、文化现象等。驱动力探讨在地理学和景观研究中已有较长的历史，在驱动力的分析中主要关注驱动因素选择、驱动力分析方法、驱动因子在尺度上的功能和效应等（吕一河等，2007）。驱动力的研究很多，概括起来可以分为系统辨识、系统分析和系统综合三个步骤（Burgi M et al.，2004；吕一河 等，2007）。

2.4.3.4 格局—过程相互作用理论

格局—过程相互作用理论是对地理—生态系统动态变化的分析。动态变化的分析中包含对过去和现状的分析，以及基于此的对未来变化的预测和模拟。

格局主要指空间格局，即空间的各要素、组成数目及空间分布与配置模式，包括空间异质性、空间相关性和空间规律性等内容（傅伯杰 等，2001，2003）。地理—生态格局主要是地表环境各要素、各综合体或各层次人地关系地域系统在空间上的组成和配置模式，或构成景观生态系统或土地利用/覆被类型的形状、比例和空间配置（傅伯杰等，2001，2003）。它是景观异质性的具体体现，又是各种地理—生态过程在不同尺度上作用的结果。

过程即空间各要素的变化历程。与格局不同，过程强调事件或现象的发生、发展的动态特征（胡巍巍 等，2008）。地理过程是指地表环境（要素、综合体）随时空变化的历程，按要素可以分为自然过程和人文过程，按机制可以分为物理过程、化学过程和生物过程等（冷疏影、宋长青，2005）。生态过程是景观中生态系统内部和不同生态系统之间物质、能量、信息的流动和迁移转化过程的总称（吕一河 等，2007）。

空间格局制约着地理环境和资源的组成、分布和形成，影响人地系统和生态系统的相互关系，与地理—生态过程密切相关，因此格局与过程是不可分割的。格局的形成反映了不同的地理—生态过程，与此同时格局又在一定程度上影响着演变过程。从某种意义上说，格局是各种地理—生态演变过程中的瞬间综合表现。然而，由于地理—生态过程的复杂性和抽象性，很难定量地、直接地研究过程的演变特征。地理、生态学家往往通过研究格局变化来反映过程，因此形成"过程产生格局，格局作用于过程，格局与过程的相互作用具有尺度依赖性"的格局—过程研究范式。

格局和过程的相互作用会产生外在表现——功能，涉及生态、社会、经济、文化各方面，并综合形成人地关系地域系统动态的变化特征，将格局和过程耦合研究已成为热点问题。但事实上，格局与过程的关系及其尺度的变异性表现很复杂，特定的格局并不一定与某些特定过程相关联，即使相关也未必是双向作用，因此格局和过程的耦合研究需要进一步深入和实践。在这方面，吕一河等（2007）提出了格局—过程耦合研究的两个基本途径：基于直接观测的耦合和基于系统分析和模拟的耦合。基于直接观测的耦合通常在较小空间尺度上开展，可以取得较为精确的结果；由于尺度效应的普遍存在，研究成果不能无限地进行尺度上推，但可以作为较大尺度研究的基础。基于系统分析和模拟的耦合是在较大尺度上具有相对复杂性的研究，必须先解决两方面的问题：首先是空间位置和数量规模，其次是生态效应、过程和功能的变化以及会对格局产生的反作用。

目前，地理—生态的格局研究重点探讨地表系统的要素组成和空间分布特征，如土地利用/土地覆被的组成和分布格局、生态系统的空间异质性等（傅伯杰 等，2006）。地理—生态过程的研究内容主要包括水文循环过程与水量转化、流域系统中物质迁移过程、土壤侵蚀过程、土地系统演变过程、土壤—植物—大气连续系统过程、环境生物地球化学过程、生物多样性变化过程、人文与文化过程等方面（傅伯杰 等，2006）。

总的来说，"尺度—格局—过程"是地理—生态过程研究的核心理念。格局影响过程，过程改变格局，格局、过程及其相互关系的研究离不开其所依赖的尺度。地理—生态过程的变化与发展影响和改变着陆地表层系统结构的形成。

2.5 从地理空间角度进行人居环境研究的主要内容

2.5.1 人居环境的地理空间性质

本书认为，从地理空间角度理解人居环境可以从以下方面进行：

（1）人居环境是人地相互关系的产物，即是人地关系地域系统的重要组成部分。

（2）人居环境是等级系统，这种等级性是由研究的尺度所决定的。

（3）由人产生的物质文化，或者说土地利用、居住文化等是人居环境的外在表现。

（4）人居环境系统中人是主体，人的行为对人居环境有着深远的影响。

地理空间的人居环境具有以下性质：

整体性——自然和人文的因素和现象相互关联、相互依赖。

综合性——涉及生态、经济、社会中与人居有关的方方面面。

变动性——各种组成要素有可变性，导致整个系统的可变性。

因果性——任何环境因素的变化都会带来结果。

地域分异性——即使城市化过程加快，人居环境趋同现象存在，也不能改变自然背景和时间尺度上沉淀的地域和文化背景。

2.5.2　主要科学问题

2.5.2.1　尺度——兼论几种特殊尺度

从地理空间看待人居环境，是将人居环境这一研究对象作为清晰的和可度量的单位，即有明显的边界，具有可辨别性和空间上的重复性，其边界由自然的、经济的或社会的地理单元决定，并形成单元—组合—中组合—大组合—巨组合的等级系统，而所有关系综合在一起，就形成了人居环境地理网络。不同尺度的格局研究和推绎可获得人居环境的演变过程及发展预测。因而，可以换一种说法，即人居环境的研究无论是从格局还是过程来看，均与尺度密切相关。

在实际研究中，由于人居环境涉及人类社会的各个方面，政府的主导地位长期存在，除自然地理单元下的自然尺度问题，行政区域尺度、区域规划尺度、社会经济尺度甚至文化意义上的尺度也同样重要。因此，根据不同的研究目的选择特定的研究尺度，或进行组合研究，是人居地理空间研究的重要特点。另外，在 GIS 技术和计算机技术日益发展的情况下，大尺度、多尺度组合、尺度推绎以及精细研究已成为趋势，有利于人居环境的地理空间表述。

以下论述几种特殊尺度的人居环境。

（1）流域。河流是塑造地貌的主要外部因素之一。从自然地理学角度，流域是一条河流（或水系）的集水区域，是以河流为中心，大致以分水岭为界限，从源头到河口的完整、独立、自成系统的水文单元（Odum Eugene P，1953）。流域内不仅各自然要素间联系极为密切，且上中下游、干支流、各地区间的相互制约、相互影响极其显著。因此，流域是整体性极强、关联度很高的区域，通常被地理学家和经济学家作为一个整体单元进行研究，是一种特殊尺度的地理单元。

流域是因地貌特征而被命名的一种特殊类型的"区域"（严钦尚、曾昭璇，1985）。流域是一个自然、人文、社会相互作用的地域单元（裘善文、李凤华，1982）。Odum（1953）认为，如考虑到人居因素，流域不仅限于水体概念，实际上是小型生态系统。Frederick Steiner（贺勇，2004）认为流域系统在人居环境研究中的地位超过了行政区域甚至是全球尺度。所以实际上流域也可被视为特殊尺度上的地貌单元，这种地貌形态和区域的水文特征密切相关。因此，以流域为单元进行人居环境是将流域看做人—地系统，突出基于特定自然地理单元下的人居环境研究整体性。

流域是一种特殊尺度的人居环境地理空间结构，主要基于其自然地理的单元属性，具有明显的整体性和区域特征（贺勇，2004）：具有一定的地理位置、明确的边界和范围；有明显的几何特征，具有可圈定、可度量的特定范围；具有显著的系统整体性和关联性；内部各自然要素的分布呈现出一定的规律性。

流域是一种特殊的人居环境地理空间结构，还基于流域的等级系统性（Odum Eugene P，1953）：大的流域可以按照水系等级划分为若干小流域，小流域又可划分为更小的流域或集水区，作为一个系统，流域的上中下游、干流与支流以及各自的流域都不是孤立的，它们相互制约、相互影响。

众多学者对流域进行人居环境整体研究已经超出了最初的水文环境意义。美国1933年的田纳西河流域综合治理和规划、1966年完成的波托马克河流域生态规划，日本2002年开始的"与自然共生型的流域圈、都市再生技术研究"课题等，都以流域为单位、围绕人居环境优化建设进行（贺勇，2004）。在我国，从上个世纪90年代开始，政府和学术界开始致力于流域的综合规划和发展实践，并从大流域区和经济发达流域区开始（虞孝感、吴楚才，1999；李翀，2001；姜付仁，2001；江涛，2004）。侧重于人居环境建设的山地流域研究也逐渐兴起。如吴良镛主持的"滇西北人居环境可持续发展规划研究"确定了滇西北三江并流地区人居环境可持续发展的基本思路（吴良镛，2001），赵万民进行的"三峡工程与人居环境建设研究"针对长江中上游（流域）因三峡工程造成的区域城镇化、城市规划、城市设计以及历史遗产保护等人居环境建设问题进行研究（赵万民，1999），等等。近年来，随着GIS技术的发展，利用GIS能更好地体现流域的综合环境格局、过程和演变规律，虽然没有直接利用GIS技术对人居环境进行分析研究的成果出现，但针对小流域人居环境的综合研究正日益加强，对人居环境的各主要因子分析和环境的生态效应问题也有所涉及（史志华，2004；彭建，2006；张正栋，2007）。

流域尺度的人居环境空间结构方面的研究，国外开展得较早，理论较成熟。Yen和Chow（1969）提出的流域汇流的"摊开的书本"模型是40年来流域空间研究的主要模型之一（Katiyar N & Hossain F，2007）。流域景观是研究较集中的主要方面。例如，McHarg以流域为研究单元，发展了一系列景观生态规划的方法，并提出流域生态规划环境影响的"蛋糕层级"模式（Frederick S，2000）；Peter 和 Gregory（2007）提出影响流域景观模式的面积—长度关系模型；等等。

（2）岛屿。一般来说，岛屿是被海洋和大陆分开的地块，自然环境相对封闭，资源条件具有独特性（严钦尚、曾昭璇，1985）。岛屿为生物地理学和生态学诸领域理论和假设的发展提供了重要的自然实验室（赵淑清 等，2001）。所以 MacArthur 和 Wilson 的岛屿生物地理学动态平衡理论一经提出就引起了学术界广泛关注（赵淑清 等，2001）。一方面，基于岛屿视角（island perspective）的景观研究（高增祥 等，2007）已逐渐成为景观学的重要部分，岛屿的含义也由海洋岛屿扩大到陆地岛屿状生境，并发展成为描述陆地片段化景观的名词。具体来说，作为研究目标的景观空间被分为离散的两部分：一部分是适于目标种（focal species）生存的（栖息地）岛屿，余下部分是该物种不能生存或不宜生存的环境基底（matrix）（高增祥 等，2007）。另一方面，随着陆地自然生境的加速丧失和破碎化（赵淑清 等，2001），景观生态学研究聚焦为景观空间异质性（肖笃宁 等，1997），将研究区域看做生境斑块（或岛屿）构成的网络，运用岛屿生物地理理论和集合种群理论的相关思想进行研究已成为目前景观学研究的主要内容之一。

受到相关启发，本书认为，岛屿是一种特殊的自然地理单元，岛屿尺度的人居环境是基于环境封闭性和资源独特性而形成的特色鲜明的、不同于周围生态环境或人文环境的片段化区域。目前，岛屿研究对象主要为生物和生态系统、生境，人居环境研究并不多见。比利时学者 Marjanne Sevenant 和 Marc Antrop（2007）以希腊 Paros 区域为例研究了岛屿模式下的聚落分布；贺勇（2004）提出岛屿类人居生态单元概念，并涉及岛屿类的人居环境问题研究。

岛屿尺度的人居环境空间结构上，Marjanne Sevenant 和 Marc Antrop（2007）分析了希腊 Paros 地区岛屿，认为岛屿聚落的分布与农业土地利用方式密不可分，并主要集中在岛屿边缘，显示了一种中心和边缘对比强烈的土地利用分区模式。

（3）盆地。盆地是一种特殊的地貌，是地理学研究的特殊区域。目前，盆地作为人居环境研究的特殊尺度已受到关注。在 Marjanne Sevenant 和 Marc Antrop（2007）提出人居环境的盆地模式中，聚落位于盆地中心边缘，正好成为中心肥沃土地和四周贫瘠土地的分界线，为环状布局模式。

近年来 GIS 技术的发展和应用也在盆地的研究中得到体现。Alms（1998）建立了盆地研究的 4D 模型，即空间三维和时间维上盆地研究的数据提取、存储、应用等研究框架。目前盆地人居环境的相关研究主要集中在土地利用类型、景观格局等方面。

本书认为，盆地作为一种特殊尺度的人居环境的重要意义主要表现在盆地独特的自然特征和人文特征上。从自然特征来说，盆地有明显的地理界限、独特的小气候特征、平坦的地形、肥沃的土壤和丰富的水资源，是特征非常明显的自然地理综合体。从人文特征来说，盆地良好的自然条件决定其是人类较早定居、生产的主要地域，是生产力较为发达的区域，长期以来形成了独特的盆地文化，与周围的文化形成鲜明的对比，如四川盆地的巴蜀文化。这种盆地文化与人居环境的空间形态有较强的连贯性，使整个盆地内的文化显示出较高的同质性。

（4）风水空间模式。风水起源于我国古代先民选址和规划经营城邑宫宅活动，因历经长期发展变革而趋于繁复纷杂，但利用和改造自然以创造良好居住环境的理论精髓是符合人类发展和时代需求的。传统的风水空间模式（沈新周，清代；张九仪，清代；菊逸山房，清代；高友谦，2004；朱镇强，2005；杨柳，2005）主要是指风水学推崇的以寻找生气为目标，以"龙、砂、水、穴、向"地理五诀为要素和方法，寻求和营造地理环境各要素在条件上较为优越、组合上较为合理、空间结构上具层次性、最终目的是适宜人居的区域。

理想的人居环境风水空间模式是指龙脉到头，生气止歇，结成穴地，并具有"藏风聚气"效应的山水空间。它所包括的范围为：以穴场为中心，由龙脉少祖山分障而出的罗城所包裹的区域。即一个以坐北朝南为主向的四方围合的盆地形空间单元，盆地空间由三重围合构成，整体上形成以穴点为中心，三层围合层层相套的空间格局（杨柳，2005）（图2.3）。

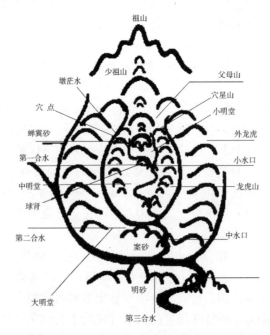

图2.3　人居环境理想风水空间模式
资料来源：杨柳，2005。

由上可明显看出，风水模式是由山、水等限定出的一种适宜人居的地理单元：有着较明确的边界，相对均衡的良好小生态、小气候及植被、水土等条件，并容易形成自给自足的生产与生活方式。风水蕴涵的人居环境地理空间结构的思想还体现在其研究的层次中。风水学将中国境内的山系分为南、北、中三大干龙，其中形成许多大盆地套中盆地、中盆地套小盆地的特点，山区之中还有许多微型盆地和宽谷（高友谦，2004）。通过层级的山水格局控制，风水学已初步限定出一个个适宜人居的地理单元，使得人的居住与自然有着紧密的关联。

2.5.2.2 研究内容——综合研究

现代地理学的发展提倡综合研究。将人居环境的自然空间和人文空间进行耦合研究，是对地理空间进行综合研究的较好途径。人居环境的这两个方面是相辅相成的，并能准确反映人居环境的空间格局和发展过程。

土地利用是研究的基础。土地是多种属性的集合体，一方面，土地利用对自然生态系统和社会经济系统产生巨大的影响，成为其变化的驱动力；另一方面，生态系统和社会经济系统的变化又会影响土地利用，形成社会经济系统演变的实时表现。因此，土地利用的格局及过程实际上是自然生态系统、社会经济系统相互作用、相互影响、协同发展的格局及过程，是区域人地关系演化的体现。

（1）以居民点为核心的土地利用（含景观分析）研究。土地是地表的某一地段，包括地质、地貌、气候、水文、土壤、植被等各种自然因素在内，并叠加了人类活动的自然综合体（左大康，1999）。由于不同类型的土地具有不同的自然条件，并从根本上影响或限制着人类的一切与土地利用有关的活动，因此土地利用又具有社会经济属性（这也是其根本性质），表现为不同类型的土地利用单元与相应某种人类活动结合后形成的不同的土地景观。反过来也可以说，地理景观单元的一种典型表现形式就是土地利用单元（鲁学军 等，2004）。

人居环境和土地利用的关联性非常强。Lebeau（1972）认为，人居环境在土地利用形式上表现为现代建筑群。因此，人类对居住环境的选择、营造和改变的实质就是土地利用活动，并形成包含建筑、聚落、居住系统以及相应地方居住文化的人居景观。由于人居环境这一概念带有建筑学先天的基因，与土地利用的关系目前还未引起重视，本书利用土地利用的理论和方法进行人居环境研究，是一个亮点。因此，需要指出的是，人居环境的土地利用研究重点应是土地利用类型中的居民点，其他土地利用类型是伴生的并有相辅相成的作用，在居民点分析上，仍需运用土地利用相关理论和方法重点而深入地进行分析。

目前，对土地利用/土地覆被变化（LUCC）的研究达到一个空前的热潮，并注重资源、环境和生态效应的研究。由于土地利用服务于明显的社会经济目的，社会经济和生态因素长期相互作用的结果是形成景观（Ruth S DeFries et al.，2004），因此土地利用和景观之间有因果关系。土地利用和景观分析在分析方法和技术手段上很相似，很多学者又将两者结合在一起，形成对地理—生态格局和过程的研究（彭建 等，2006；刘红玉、李兆富，2007），并将热点放在景观格局研究上。景观格局不仅反映了人类的干扰程度与土地利用变化的结果，同时也是社会、经济条件与自然条件相互作用的直接响应和表现（Wrbka T et al.，2004；Veldkamp A & Verburg P H，2004），有利于人居环境的空间研究。

土地利用和景观分析主要是基于 GIS 或 RS 技术，结合土地利用类型，利用景观分析方法进行，有以下主要内容：

景观格局指数——景观格局指数用于当前区域尺度上进行土地利用/覆被变化的生态效应评价（彭建 等，2007），是反映景观结构组成和空间配置某些方面特征的简单定量指标。目前已发展了很多景观指数，总结起来，主要分为三类（邬建国，2007）：基于单个斑块层次的斑块水平指数、若干斑块组成的斑块类型的斑块类型水平指数和若干斑块组成的景观镶嵌体的景观水平指数。另外，还涉及景观指数的尺度效应、方向性等研究。

景观模型——用数学方法或计算机来模拟、构建景观模型。目前已经发展了空间概率模型、细胞自动机模型、景观机制模型等。按照性质的差异，吕一河等（2007）将景观格局动态模型划分为五大类型——基于行为者（agent-based）的景观变化模型、经验统计模型、最优化模型、动力模拟模型和混合/综合模型，并按照机理进一步把景观格局动态模型归并为三个大类，包括随机模型、邻域规则模型和过程模型。在各类模型的构建和应用过程中都不可避免地面临着数据采集、尺度依赖性、格局演变的空间位置和规模、算法的优化、适度综合以及验证和评价等问题。

格局—过程耦合研究——主要体现在较大尺度的研究中。按照一定的等级组织和模块化的方式将多种模型进行综合集成是一个重要的发展方向，如 Patuxent 景观模型（Voinov A et al.，1999）、"源—汇"景观理论土地单元方法、等级斑块动态范式等（Veldkamp A & Verburg P H，2004）。

目前，针对土地利用和生态、社会经济系统的耦合研究开始成为众多学者关注的对象，特别是对土地利用的资源、环境和生态效应的研究，这也成为未来我国地理学的重要发展方向。另外，景观生态学已经成为研究地理生态过程与人类系统的桥梁，许多新型的景观生态理论和方法正与土地利用及人文地理研究相结合（Adriaensen F et al.，2003；Haber W，2004）。可见，以居民点为核心的土地利用研究以及景观分析无疑是人居环境研究的新的切入点。

（2）居住空间研究。社会经济空间研究在地理学和社会学中取得了较大的发展，是近年来人文地理学关注的热点，体现在人居环境上，是众多学者对居住空间的研究。

吴启焰认为（1999），社会空间分异的地理学研究的内容主要包括：土地利用与建筑环境的空间分异，邻里、社区组织的空间分异，社会阶层分化，以及居民感知与行为的空间分异。居住空间是社会空间研究的重要组成部分。对比国内目前有关社会空间和居住空间的论文可见，两者的研究内容、研究方法非常相似，很多研究城市社会空间的学者干脆将居住空间看做社会空间，以居住的表现形式来体现社会的等级关系。再分析有关社会空间的经典理论，不难发现国外社会空间研究起源于社会居住模式，并以社会阶层的居住分化形成了20世纪30年代以帕克（Park）为代表的芝加哥生态学派，后演化出三大城市社会空间模型——同心环、扇形和多核心模式。

居住空间是居民的职业类型、收入水平及文化背景差异产生的不同社会阶层的居住区（万勇、王玲慧，2003），其实质是社会等级关系在居住空间地域上的反映。居住空间既是一种地理空间，同时也是一种社会空间，前者是外表形式，后者是内在实质（黄志宏，2007）。国内学者将国外城市居住空间研究中的理论流派归纳为生态学派、新古典经济学派、行为学派、马克思主义学派和制度学派等（刘旺、张文忠，2004；吴启焰，2001），并总结了城市起源期、前工业社会、工业社会、后工业社会不同城市发展阶段的居住空间模式（黄志宏，2007）。研究内容主要围绕居住空间分异的机制（如住房制度改革被认为是形成空间分异的主要制度因素）、分异特征和分异程度、分异格局和演变过程、分异的控制、住宅郊区化以及郊区化和内城改造对居住空间的影响等方面进行（Takashi Onish，1994；万勇、王玲慧，2003；吴启焰 等，2002；刘望保、翁计传，2007；徐菊芬、张京祥，2007；武前波 等，2008）。从研究方法来看，以定性研究为主，对城市规划资料的掌握和住房调查是定性描述的基础。定量研究近年来发展较快，以统计方法为主，主要有因子分析、聚类分析、主成分分析等多元统计方法，同时结合计算机技术。GIS技术在居住空间研究中也得到重视（陶海燕 等，2007）。从研究区域上看，由于社会关系的等级性与城市尺度密不可分，研究区域主要集中在大城市，国内学者研究也以北京、上海、广州、大连等大城市为热点（顾朝林、克斯特洛德 C，1997；张文忠 等，2003；李志刚、吴缚龙，2006；李雪铭、汤新，2007）。

居住空间分异并非单纯的社会等级现象，同时也是一种导致社会阶层化以及各阶层社会空间分离的重要机制。因此，有学者提出应对城市居住空间分异进行控制（苏振民、林炳耀，2007）。对居住空间的研究也表现为通过居住空间分异机制、分异的格局和过程的了解而把握其动向，以合理的规划控制或应对居住空间分异。

上述对居住空间的研究主要是地理学家和社会学家关注的社会空间角度，虽然对经济空间也有所涉及，但侧重其社会方面。实际上，居住的经济因素是导致居住社会空间分异的主要原因，很多经典经济空间理论也包含了居住的内涵。陆大道（1995）认为，空间结构的基本研究内容为五个方面：①社会经济发展各阶段的空间结构特点及其演变；②社会经济空间组织的模式；③中心地等级体系与城镇等级体系；④以城镇型居民点为中心的土地利用空间结构；⑤空间相互作用。可见，居住空间分布是经济发展引起社会阶层分化现象，研究经济变迁、收入分配差异与居住空间格局的关系，揭示居住空间模式形成的经济规律，对人居环境空间研究具有非常重要的意义。

上世纪 90 年代以来，经济地理学研究出现了两个新的变化：一个是空间经济学的再度兴起，一个是文化和制度转向（中国地理学会，2007）。经济空间以及综合交叉研究已成为近年来的主要特点，特别是人地关系地域系统已经成为经济地理学进行区域发展综合研究最重要的理论视角（中国地理学会，2007）。这两个方面都是本研究力图展现的。

居住文化也是综合研究的重要方面。本书认为，将人居环境所蕴涵的居住文化融入空间研究中，研究区域居住文化的空间差异是人居环境综合研究的一个重要方面。在我国，居住文化研究的优势通常体现在居住风水研究上，这一点在本书中也得到了很好的把握。

本章小结

本章从空间的思辨和内涵入手，评述了基于空间论述地理学空间的哲学性质和内涵的思想理论及辩证演进过程，将地理空间范围界定为地球表面，内容丰富为地球表面的自然地理或人文地理事物现象及其相互之间的空间关系（这些关系可以概括为地—地关系、人—地关系和基于地理空间的人—人关系）。在这些范围和内容中，人和地两大系统交集的地理空间是进一步延伸。本书分析了这类空间的结构性、社会性、相互作用等性质，将人居环境界定到人—地的地理空间范围，展示人居环境是联系人地的最基本的联结点，是人地关系地域系统的重要范畴，并在"空间—地理的空间—人和地作用的地理空间—人居环境的地理空间"逐层深化的地理空间体系下构建人居环境研究的理论基础和研究内容。然后从现代地理学的角度，重点将地理空间和时间、自然属性和社会属性、水平系列和垂直系列作为构建人居环境研究的基础。再从人地关系地域系统、文化景观、空间的尺度—格局—过程三个方面将地理空间的含义进一步凝聚到人居环境这一层次，奠定人居环境地理空间研究的理论基础。最后，阐明从地理空间角度进行人居环境研究的主要内容包括不同尺度的研究以及综合研究，其中土地利用（重点延伸为居民点类型研究）、居住空间是人居环境地理空间综合研究的两个表现。

第3章 贵州喀斯特地区住宅空间分异

贵州喀斯特地表地貌类型多样，各个地貌类型区的自然环境差别较大，生态系统片段化现象严重。"一山有四季，十里不同天"是对贵州自然环境的最直接描述。很多地方高山阻隔，河谷深切，相对封闭的地理环境和长期的历史原因使不同的文化得以保留，并深深打上了喀斯特烙印。相应的喀斯特社会环境各不相同，构成具有高度异质性和浓厚喀斯特地域特征的喀斯特文化景观（周晓芳，2008），有学者甚至认为贵州是"文化千岛"（陈爱平 等，2007）。

本书选取代表贵州喀斯特地貌类型的三个典型地区作对比分析，具体是：乌江—北盘江分水岭的喀斯特高原盆地区清镇红枫湖研究区（以下简称红枫研究区），乌江上游的喀斯特高原山地区毕节鸭池研究区（以下简称鸭池研究区），北盘江中游的喀斯特高原峡谷区关岭—贞丰花江研究区（以下简称花江研究区）。需要指出，这三个地貌类型区只是众多贵州喀斯特地貌类型的典型部分，还有很多不同尺度和类型的具有区域独特性的喀斯特地区。

由于住房数据的缺乏，现有的研究对住房的状况把握很不清楚，相应的住宅空间分异研究成果较为缺乏（Li Z G，Wu F L，2006；刘玉亭 等，2007；陶海燕 等，2007）。住宅的空间分异是自然地理环境和社会经济空间分异的直接结果。本章主要从地理空间角度出发，分析喀斯特区域综合地理背景下的住宅分布和空间结构，并通过构建住宅综合评价模型，得到各个研究区各居住户的住宅综合指标，从不同的类型角度分析这些指标的空间分异情况。

本章数据部分来源于笔者 2008 年暑假及 2009 年暑假对三个典型地貌区开展的野外调研和入户调查，以及南方喀斯特研究院于 2007 年下半年至 2008 年上半年组织的社会经济入户调查数据。范围涉及三个研究区的五个行政村，分别为清镇红枫研究区的王家寨和羊昌洞、毕节鸭池研究区的半坡、关岭—贞丰花江研究区的擦耳岩和法郎，共走访居民 400 多户，回收有效问卷 330 份，占五个村总户数的 60%，问卷覆盖基本人口学特征信息、家庭社会经济状况、住宅状况等主要方面。

3.1 三个研究区的地理背景

3.1.1 地理位置

三个研究区分别位于贵州高原西北部、中部以及西南部，喀斯特地貌发育广泛且典型，基本代表了贵州高原的喀斯特高原山地、高原盆地以及高原峡谷三类典型地貌，其地理位置如图 3.1 所示。

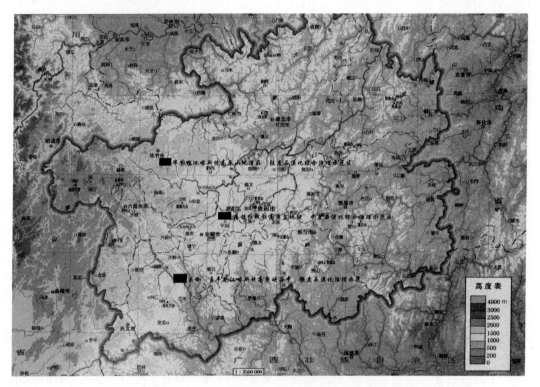

图 3.1 三个研究区在贵州喀斯特高原的位置
资料来源：熊康宁、贵州师范大学、南方喀斯特研究院，2007。

3.1.1.1 红枫研究区——喀斯特高原盆地区

红枫研究区——喀斯特高原盆地区主要位于贵州省中部清镇市西南的红枫湖及其水系周围的红枫湖镇及站街镇部分，研究区包括红枫湖镇 6 个行政村、36 个村民组，站街镇 4 个行政村、31 个村民组，总面积为 55.28 km²，其中喀斯特面积占 94.59%（图 3.2）。

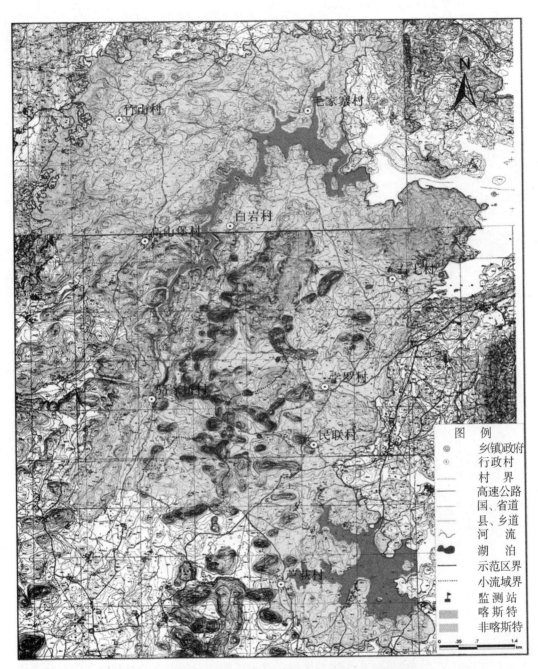

図例

◎	乡(镇)政府
⊙	行政村
	村　界
	高速公路
	国、省道
	县、乡道
	河　流
	湖　泊
	示范区界
	小流域界
	监测站
	喀斯特
	非喀斯特

0 　35　 7 　　　1.4
km

图3.2　乌江—北盘江分水岭清镇红枫湖喀斯特高原盆地区
资料来源：熊康宁、贵州师范大学、南方喀斯特研究院，2007。

3.1.1.2 鸭池研究区——喀斯特高原山地区

鸭池研究区——喀斯特高原山地区位于贵州省毕节市东南部的鸭池镇及梨树镇部分，研究区包括鸭池镇 8 个行政村、76 个村民组，梨树镇 2 个行政村、28 个村民组，总面积 41.53 km²，其中喀斯特面积占 63.33%（图 3.3）。

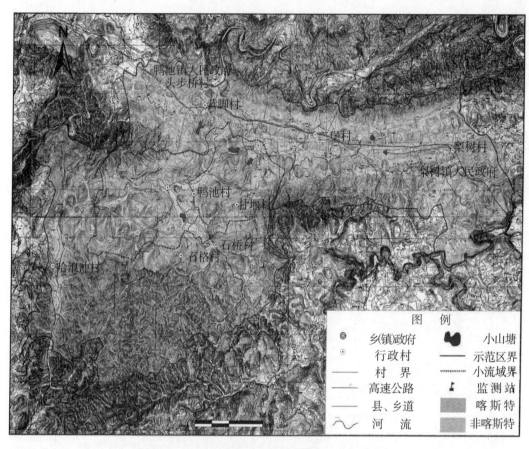

图 3.3　乌江上游毕节鸭池喀斯特高原山地区

资料来源：熊康宁、贵州师范大学、南方喀斯特研究院，2007。

3.1.1.3 花江研究区—喀斯特高原峡谷区

花江研究区——喀斯特高原峡谷区位于贵州西南部安顺市关岭县与黔西南自治州贞丰县交界处的北盘江峡谷花江段，研究区包括贞丰县北盘江镇 4 个行政村、18 个村民组，关岭县板贵乡 5 个行政村、28 个村民组，总面积 51.62 km²，其中喀斯特面积占

88.07%（图3.4）。北盘江发源于云南与贵州交界的库拉河和可渡河，是贵州省内第二大河，属珠江流域西江水系。流域跨越云南、贵州两省，在此区域呈北西向南东流向，为两县的界河，210省道途经本区。

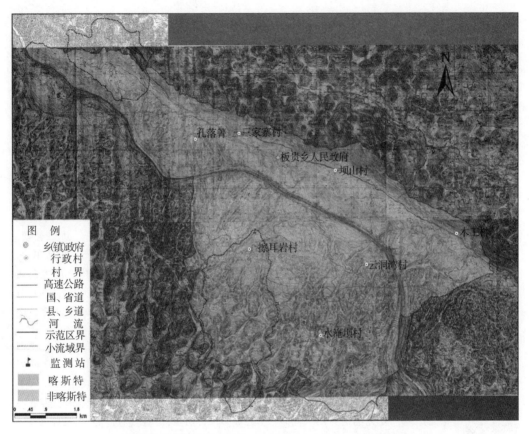

图3.4 北盘江中游关岭—贞丰花江喀斯特高原峡谷区
资料来源：熊康宁、贵州师范大学、南方喀斯特研究院，2007。

3.1.2 区域地理概况

三个研究区的地理位置、自然地理背景、社会经济发展情况等区域地理概况如表3.1所示。从三个研究区的地理位置和区域地理概况可以看出，三个研究区的区位条件、自然环境、社会经济发展情况等区域综合地理环境有所差异，大体上居住地理环境背景条件优劣的规律为高原盆地区＞高原山地区＞高原峡谷区。

表3.1　三个研究区区域地理概况

项目		红枫研究区	鸭池研究区	花江研究区
地理位置	位置	东经106°07′—106°33′，北纬26°21′—26°59	东经104°51′—105°55′，北纬27°3′—27°46′	东经105°36′—105°46′、北纬25°39′—25°41′
	区位	东与贵阳市花溪区相连，距清镇市12.2 km，距贵阳市区22 km，距清黄高速公路约3 km，位于贵黄高等级公路旁	东与大方县接壤，临近毕节市区，靠近贵毕高等级公路	关岭县与贞丰县交界区域，北盘江和210省道贯穿本研究区。靠近320国道和关兴高等级公路
自然地理背景	地质基础	海拔1210~1450 m，地质构造类型属于黔中地台凸起与黔南凹陷相汇的过渡地带，主要出露寒武系、石炭系、二叠系、三叠系的灰岩、白云岩和页岩，地势较高，地势起伏大，地表较破碎	海拔1310~1770 m，地处云贵高原向黔中山地过渡的斜坡地带，地质控制强烈，出露地层为二叠系、三叠系茅口组，以碳酸盐类的石灰岩为主，是集山地、丘陵、谷地、洼地的典型高原山区地貌	海拔450~1410 m，地质构造总体上属盘江向斜，出露地层为中、上三叠统。碳酸盐岩广布、构造单一，地貌发育受构造的控制很明显，地貌类型的空间分布格局多沿断层发育方向进行
	气象气候	北亚热带高原季风湿润气候，光热条件好，雨量丰沛，雨热同期，雨水充足，冬无严寒，夏无酷暑；年均温10.8~18.6 ℃，≥10 ℃的活动积温4500 ℃；年日照时数1277.3 h，无霜期278天，年降水量1 192.5 mm	北亚热带湿润季风气候，温凉湿润，冬无严寒，夏无酷暑，暖湿共济，雨热同期，呈云雾多、日照少、阴天多、晴天少的高原气候特点；年均温14.03 ℃，≥10℃的积温4116 ℃，全年日照1377 h，无霜期255天；年降水量863 mm	花江峡谷海拔约850 m以下，为南亚热带干热河谷气候，以上为中亚热带河谷气候。冬春温暖干旱，夏秋湿热，热量资源丰富，年均温18.4 ℃，≥10 ℃积温6542 ℃，年均降水量1100 mm，年均降雨量时空分布不均
	河流水系	研究区中部有麦翁河穿流而过，东部、南部有红枫湖相连。位于红枫湖水系的上游，是面积较大的完整的喀斯特流域单元	属长江流域乌江水系白浦河支流区，境内无大的河流水系，雨量较充沛，河流众多，拥有较为丰富的地表水和地下水资源	北盘江水系，属珠江上游。河谷深切，流域面积小

续表 3.1

类型		红枫研究区	鸭池研究区	花江研究区
自然地理背景	土壤	土壤共有黄棕壤、黄壤、石灰土、紫色土、水稻土等五个土类，土壤类型以黄壤、石灰土、水稻土为主。2007 年监测水土流失面积占总面积的 38.92%	土壤类型多样，有黄棕壤、黄壤、石灰土、紫色土、水稻土、沼泽土、潮土等土类。受成土母质的影响，黄壤是主要土壤类型。水土流失严重，2007 年监测水土流失面积占总面积的 59.2%	以石灰土为主，土壤除结构不良、质黏、易旱、吸湿水含量低、富含钙质，土壤生产力低。水土流失严重，2007 年监测水土流失面积达总面积的 80%
	植被	植被属北亚热带常绿阔叶林类型。原生植被已被大量破坏，仅局部地方有极小面积残存，包括阔叶林、针叶林、灌丛、灌草丛、草丛草被。人工植被包括草本类型、木本类型、人工林森林植被型和木本、草本间作型	植被为亚热带常绿阔叶林和针阔混交林，原生植被多被破坏，残留以刺梨、救军粮、杜鹃为主的藤、刺、灌丛及以青杠、松、桦木、杉木、柏木为主的用材林。人工造林主要是零星分布的桃、李、梨、花椒、杜仲等	植被属中亚热带常绿阔叶林类型。原森林植被各层次植物相当丰富，但已被大量破坏，现残存少量乔木和灌木、草本、藤本等。人工造林以花椒、酸枣、核桃等经济果木为主
社会情况	人口和劳动力	2007 年总人口 15852 人，男性人口 8341 人，女性人口 7511 人，性别比为 110 : 100；人口密度 286.8 人/km²，人口较为密集。现有劳动力 10113 人，其中男性劳动力 5151 人，女性劳动力 4962 人	2007 年总人口 21441 人，男性人口 10989 人，女性人口 10452 人，性别比为 105 : 100；人口密度 516.3 人/km²，人口最为密集。现有劳动力 12293 人，其中男性劳动力 6410 人，女性劳动力 5883 人	2007 年总人口 7632 人，男性人口 4177 人，女性人口 3455 人，性别比为 121 : 100；人口密度 147.9 人/km²，人口稀疏。现有劳动力 4328 人，其中男性劳动力 2252 人，女性劳动力 2076 人
	民族	有白、苗、布依等少数民族，少数民族人口占 13.2%	有苗、彝等少数民族，少数民族人口占 5.9%	有苗、布依等少数民族，少数民族人口占 17.4%
	教育	以初中文化程度劳动力人口为主，占劳动力总数的 66.3%。全区脱盲率最高，达 92%	高中文化程度劳动力人口是三个研究区中最高的。仍以初中文化程度劳动力人口为主，占劳动力总数的 49.8%。全区脱盲率较高，达 89.5%	以小学文化程度劳动力人口为主，占劳动力总数的 42.1%。全区脱盲率最低，仅 83.3%

续表 3.1

类型	红枫研究区	鸭池研究区	花江研究区
经济发展	2007 年 GDP 3629 万元，以农业为主，农业总产值占 53.6%。农业中以种植业为主，种植业产值占农业总产值的 55.9%。外出务工比重高，占劳动力人口的 33.6%，外出打工收入占 GDP 总值的 40.6%	2007 年 GDP 942 万元，以农业为主，农业总产值占 27.9%。农业中以种植业为主，种植业产值占农业总产值的 83.4%。本地务工人口多，外出务工比重低，占劳动力人口的 22%	2007 年 GDP 382 万元，以农业为主，农业总产值占 59.9%。农业中以种植业为主，种植业产值占农业总产值的 34.5%。外出务工比重高，占劳动力人口的 24.5%，外出打工收入占 GDP 总值的 24.5%

资料来源：根据本研究在贵阳市、毕节市、清镇市、贞丰县、关岭县调研收集各类资料整理及统计。

3.2　影响住宅分布的喀斯特地貌及住宅分布特点

　　贵州是隆起于四川盆地和广西丘陵之间的亚热带喀斯特高原山地区，高原区和峡谷区是两大差异显著又密切相关的地域单元，构成贵州宏观地域的基本特征（高贵龙等，2003）。喀斯特地貌最大的特征是其典型地表地貌和地下地貌的二元性，其中地表地貌存在正负地貌的明显反差，且在形成过程中相互伴生，在空间分布上相互并存，具有一定的组合规律（高贵龙 等，2003）。在贵州高原，地表地貌类型从高原到峡谷，呈现出峰林盆地→峰林谷地→峰丛洼地→峰丛峡谷的组合地貌逐类区带分布（高贵龙等，2003），这种组合形态和组合规律影响着住宅的分布和空间结构。

　　从喀斯特地貌来看，本研究选取的红枫研究区——高原盆地区、鸭池研究区——高原山地区、花江研究区——高原峡谷区三个典型地貌区域基本能代表贵州喀斯特区域的基本地貌类型。

　　根据本研究实地考察和前人经验总结（高贵龙 等，2003；熊康宁等，2004；彭建，2006；吴良林等，2007），三个喀斯特研究区主要影响住宅空间分布的组合地貌及各地貌类型下住宅的空间分布特点如下所述。

3.2.1　红枫研究区

　　红枫研究区位于黔中地台凸起与黔南凹陷相汇的过渡地带，地势由东向西倾斜，四周多是群山环绕，中部缓丘陵坝地交错，在山地、丘陵向中部谷地的倾斜过程中，形成了许多沟谷。地貌为喀斯特低山丘陵、盆地（坝子）、侵蚀性谷地，是喀斯特发育典型的高原盆地区，峰林盆地、峰林洼地、峰林谷地和溶丘台地是主要组合地貌，峰林组合地貌占全区地貌的92%（熊康宁 等，2007）。山地多，平地少，相对破碎，岩溶作用强烈，区域内岩溶石漠化严重。聚落多集中在盆地、谷地和台地中，人口众多，城镇多呈片状延展，是贵州喀斯特高原上主要的人口集中地区之一。

3.2.1.1 峰林型组合地貌

（1）峰林盆地。溶峰环状散布在盆地周围，相对高度几十米至100多米，峰顶起伏小，没有明显的倾向。盆地底部等齐，平坦开阔，住宅呈片状分布，聚落呈团状、团聚状，通常形成喀斯特高原上较大的城镇。

（2）峰林洼地。溶峰呈孤立状散布在洼地周围。洼地大而浅、平坦，常有斗淋和落水洞发育。住宅一般沿溶峰底部散布，并从洼地上部及边缘向下部和中心减少。

（3）峰林谷地。溶峰呈孤立状散布在谷地周围。谷地纵向延伸，平缓开阔，边缘井泉广布。在谷地相对平坦之处，住宅沿谷地走向展布，聚落呈长条形、十字形、星形或放射状，在视觉上有纵深发展的感觉。谷地的土地比洼地宽阔，同时排水条件也比洼地好，不容易患水灾。谷地聚落给人悠然自得、祥和安宁之感，通常形成喀斯特高原上的中小城镇。

3.2.1.2 溶原型组合地貌

地形平坦开阔，喀斯特湖众多，在溶蚀作用基础上又受到后期河流侵蚀，由许多侵蚀性谷地相连而成，孤峰点缀在溶原上，构成孤峰和溶原组合的准平原景观，也是主要的畜牧业、种植业区域。住宅或散布、或集聚在起伏平缓的高原面或小型洼地、谷地、盆地等喀斯特负地貌中，与高原农业共同营造喀斯特高原田园风光。

3.2.2 鸭池研究区

鸭池研究区位于贵州高原的西北部，属于滇东高原向黔中山地过渡的斜坡地带。实地考察可见，境内岩性复杂，山峦重叠，河谷深切，地势陡峭，喀斯特地貌广泛发育，形成集山地、丘陵、谷地、洼地为一体的典型高原山区地貌。常见的喀斯特地貌在本区均有见到，地表地貌有石芽、溶沟、溶丘、溶峰、峰丛、峰林、洼地、盲谷、槽谷、干谷、溶盆、漏斗、落水洞、竖井、穿洞、天生桥、喀斯特瀑布、湖泊、溶潭、喀斯特泉等。由于地处喀斯特高原山地区，海拔较高，组合地貌以峰丛洼地、峰丛谷地为主，聚落通常分布在溶丘、峰丛等正地貌一侧和洼地、谷地等负地貌中。一般影响聚落分布的组合地貌主要有溶丘型和峰丛型两种。

3.2.2.1 溶丘型组合地貌

（1）溶丘洼地。起伏不大的溶蚀岗丘之间散布着封闭下凹的洼地或漏斗，构成溶丘洼地。溶丘高几十米至几百米，洼地或漏斗底部常有落水洞贯穿，发育地下岩溶通道系统。住宅一般沿溶丘一侧从底部向上逐渐增加，到一定高度后又逐渐减少。如洼地为未消水的湿地，则住宅散落在湿地周围；如洼地已消水，则聚落沿洼地边缘向中心散布并逐渐减少。

（2）溶丘谷地。溶丘和谷地的组合，谷地较为宽阔，有的谷地一端为出水洞，一端为消水洞。住宅同样沿溶丘一侧从底部向上逐渐增加，到一定高度后又逐渐减少。由于高原山地区谷地规模比高原盆地区谷地小，聚落规模也较小，并主要沿谷地的河流流向延展，常形成中小型城镇。

3.2.2.2 峰丛型组合地貌

（1）峰丛洼地。溶蚀山峰基座相连为峰丛，与洼地组合。峰丛相对高度100米到几百米，峰顶参差不齐，向区域地形坡向倾斜。洼地深陷封闭，具有多边形的特征，为圆桶状、漏斗状或盆状，大小不一，底部高差悬殊，也向区域地形坡向逐级降低，岩石裸露，地下常发育斗淋或落水洞。此类洼地的住宅通常较少，呈散点状。

（2）峰丛谷地。溶蚀山峰基座相连为峰丛，与洼地组合。峰丛相对高度100米到几百米，峰顶参差不齐，向区域地形坡向倾斜。谷地窄而通畅，是洼地沿构造走向发育演化的喀斯特干谷，谷地相对平坦，大多岩石裸露，斗淋和落水洞发育。此类谷地的规模较小，住宅沿谷地分布，形成小型城镇。

3.2.3 花江研究区

花江研究区位于贵州高原西南部，由北盘江在新构造运动中强烈下切形成，切深近1000 m（从峡谷两侧的峰丛顶到河面），在峡谷的两侧则是起伏相对和缓的高原面，因此本区地貌基本上可以划分为峡谷区和高原区两大单元。喀斯特峡谷是本区典型景观，占土地面积的12%，沿北盘江顺流而下分布，有箱形谷，也有V形峡谷（熊康宁 等，2007）。小花江以上多为V形峡谷，以下主要为箱形谷。谷地的切深一般在200 m以上，有的甚至可达300 m。峡谷两岸坡度一般都在60°以上，高程多在400～700 m间变化，箱形谷则近乎垂直。峡谷以上广泛发育峰丛，坡度多在45°左右，峰体浑圆，相对高度40～100 m不等。水淹坝、板围及纳堕等地，峰高多在50～60 m以内，分布较其他地区相对密集，有从河谷往分水岭方向增高的趋势。其他个体地貌形态主要有溶沟石牙、洼地、漏斗、峰丛、侵蚀缓丘台地、溶蚀—侵蚀沟谷、溶蚀—侵蚀陡坡。组合地貌发育受构造的控制很明显，研究区北侧表现为峰林盆地（溶丘洼地、溶丘谷地）—峰丛谷地—峰丛洼地—溶丘台地（侵蚀台地）—峰丛峡谷；在南侧，则为峰林谷地—峰丛洼地—溶丘台地—峰丛峡谷。

峰林盆地、峰丛谷地、峰丛洼地等组合系列见前所述（但峡谷区的此类组合地貌因空间有限，无论是正负地貌都较盆地区和山地区小），所不同的地貌主要是峰丛峡谷型。

峰丛峡谷型组合地貌是峰丛和峡谷的组合，峡谷因高原晚期强烈抬升，主河迅速下切，谷坡陡直，深切呈 V 字型、箱型甚至裂谷型。峡谷周围发育峰丛和洼地，岩石裸露。喀斯特环境往往比较封闭，地形地貌条件比较恶劣，限制了住宅单体的外围发展，峡谷不适宜于聚落的发展，但随着人口的增加也成为居住地。

在上述三个喀斯特典型地貌研究区中，居住地理环境背景条件优劣的规律为高原盆地区＞高原山地区＞高原峡谷区，而区域内部自然地理环境特别是地貌的差异性规律则恰好相反。可见，喀斯特地区住宅的分布受自然地理环境特别是喀斯特地貌的影响很大，住宅主要分布在喀斯特盆地、洼地、谷地等负地貌和溶丘、溶原、峰丛等正地貌，并随着喀斯特地表地貌和组合地貌的形态表现出一定的空间分布特点和规律，构成聚落的基本形态。

3.3 住宅空间结构

3.3.1 住宅区位偏好

3.3.1.1 趋向耕地周围

为便于农业生产，自古以来农村的住宅大多趋向于在耕地附近建造，哪里有较多耕地哪里便有聚居群。同样，由于喀斯特地貌地形破碎、条件复杂，山区耕地面积十分有限，贵州喀斯特地区的住宅在选址上一般也趋向于耕地附近，并随着喀斯特地貌的特点呈现出一定的规律。资料展示（杨晓英、汪境仁，2002），贵州喀斯特高原山地占全省总面积的87%，丘陵占10%，盆地仅占3%。所谓的盆地，当地人俗称为"坝子"，面积狭小，星罗棋布，分散在类型复杂多样的喀斯特高原山地中，成为贵州农业和经济相对发达的地区，是中小城镇聚落所在地，也是汉族人口的聚居地。在本书的研究区中，由于喀斯特峰丛、峰林、洼地、谷地等多种地貌交错分布，耕地一般集中在洼地、谷地中以及峰林、峰丛周围，面积小且分散，住宅一般选址在耕地附近。

耕地作为住宅选取的主要因素在花江研究区一带体现最明显。政府为居住环境不好、易受自然灾害影响的居民在异地修建了住宅，住宅为当地较好的水泥平房，靠近板贵乡政府，位于210省道旁。然而，因离他们的耕地太远，居民们还是搬回险峻的峡谷沿岸居住，沿公路的住宅现已经空废。

3.3.1.2 趋于水源地

择水而居是人类的本性。由于喀斯特水是塑造喀斯特盆地、谷地的重要因素，且喀斯特洼地和谷地通常为喀斯特水的排泄地段，贵州大型的喀斯特盆地中一般都发育有河流，这些河流又孕育了喀斯特地区的城镇。本研究的三个区域均属于贵州喀斯特高原具有代表意义的流域区。

根据本次研究实地考察，在鸭池研究区，住宅通常选址在喀斯特湿地和泉眼附近；红枫研究区的住宅则大多在红枫湖周围、红枫湖支流及喀斯特泉眼附近；花江研究区则由于峡谷深切大，缺水是本区最大的问题，住宅相对分布在水热条件较好的峰丛洼地内。

3.3.1.3 沿交通线路

近年来，住宅沿交通线路带状分布的趋势越来越明显，本研究区也不例外，特别是花江研究区。本研究入户调查显示，家庭条件较好的居民均将住宅迁往210省道两旁，尽管210省道在关兴高等级公路建成后车流量大大减少，这一趋势还在明显增加。居民的理由很简单：在公路旁对日常生活以及农产品运输非常方便。花江研究区的擦耳岩一带，由于村寨中很多居民将住宅迁往210省道，沿等高线向上分布的聚落越往上，越往聚落深处，空废的聚落越多，即使有人居住，也是以老年人为主，儿女多已迁出，空心化现象比较突出。入村的道路虽整饬不到10年，但因使用不多，已经完全荒废，杂草遍布，如同步行的山路。

3.3.2 住宅的建筑特点

由于特殊的地理条件和历史原因，贵州又被称为"文化千岛"（陈爱平 等，2007），文化景观最直观地表现为贵州各地多姿多彩的建筑类型和风格。在研究的三个区域，住宅的建筑风格也大不一样，体现在院落的结构和部分传统文化的承袭上。

3.3.2.1 居住主体建筑特点

建筑是居住文化的主要体现，在三个研究区，这种差异在现存的住宅建筑特点中得到很好的体现。首先表现在建筑材料上，花江研究区住宅建筑材料最为多样。根据实地调查，聚落中随处可见保存了几十年甚至上百年的住宅，以木、竹、石、土作为材料的建筑随处可见，越往聚落深处，这种建筑越来越多。鸭池研究区和红枫研究区也存在以木、土、石为建筑材料的住宅，但较少。其次表现在建筑风格上，由于建筑材料不同，建筑风格亦各异。以木为建筑材料的住宅通常以传统烧制的瓦盖顶，穿斗结构，两层建筑；以竹和土为建筑材料的住宅通常以草盖顶，结构简单；以石为建筑材料的住宅通常以石板盖顶，单层建筑，结构类似水泥平房但更为简单。也有多种材料结合使用的。在花江研究区，各种风格各异的建筑共存，体现了时代的变迁。红枫研究区和鸭池研究区仍可见很多以石板盖顶的石头房，但土墙的草房已经很稀缺。随着时代的发展，新型建筑之间的差异已经基本消除，新修建的住宅基本为以钢筋、水泥、砖为材料的平房，除平房朝向、格局而外，其他差异不大。

3.3.2.2 院落空间结构

根据实地调查，红枫研究区是高原盆地聚居条件较好的区域，水源充足，住宅分布集中。红枫研究区的住宅不大讲究朝向，多为独立住宅，由居住主体建筑、牲畜圈栏等简易次要建筑构成，建筑风格同贵州汉族聚居的大部分地方相似，大多为水泥平房。住宅无功能区分（图3.5），厨房和厕所布局无规律。院落大部分有院墙和明显界线，并有水泥院坝，常作为农作物晾晒的场所。院落景观植物较少，但建筑质量和居住条件都比鸭池研究区好。

图3.5 红枫研究区无明显功能分区的院落

（摄影：周晓芳，2008）

在鸭池研究区，由于气流在山区的流向比较杂乱，喀斯特山地地区的住宅一般不注重朝向是否必须向南，但高原山地的住宅朝向还是有一定的规律。鸭池研究区的住宅一般背山且向阳，窗和门基本背山而开。建筑分为主体建筑和次要建筑：主体建筑一般为水泥平房，由3~5间房构成，为客厅和居室；次要建筑一般为厨房、厕所或牲口圈栏，材质有水泥、土砖、泥墙，较为简易。这一区域由于人口密集，用地趋紧，很多民居都无院落或多家同院，独院的建筑少见，组合院落较多。组合院落的建筑多为"一"字形（图3.6）、"凹"字形，厕所、院落共用，院落无明显功能分区，大部分无院墙，部分甚至无院落界线。由于水土条件好，果树、蔬菜和花卉品种较多，院落植物景观层次较为丰富。

图3.6　鸭池研究区"一"字组合院落
（摄影：周晓芳，2008）

在花江研究区，一直以来居住自然环境都较为恶劣，保留了相对较为传统的建筑风格。这可能与高原峡谷区气候干热缺水有关。当地住宅一般位于峡谷谷肩的峰丛洼地中，背向峡谷或峰丛。多为独院式住宅，住宅有院墙或明显界线，一般可以分为三个功能区：公共活动区——堂屋和院落，是全家的主要活动中心；居住休息区——卧室；生活辅助区——贮藏室、厨房、厕所与室外场院。居住主体建筑由堂屋、卧室、贮藏室构成，堂屋位于中间，卧室一般在堂屋西邻，贮藏室在东邻。次要建筑的分布也较有规律：厨房位于院落的东北角，厕所位于西南角，紧贴西墙建造，厨房和厕所在院落内保持直线距离最远，有利于卫生和健康；牲畜养殖圈等位于西南角，和厕所分开。住宅周围种植当地生产性的果树和用材树种为主，可以改善院落小气候和兼顾观赏功能。花江研究区还存在类似鸭池研究区的"一"字形院落，即聚居了几户人家，所不同的是花江研究区的此类院落的几户人家为亲兄弟姐妹（图3.7）。

图3.7　花江研究区传统和现代的独立院落

（摄影：周晓芳，2008）

3.3.2.3　住宅空间文化特质

（1）朴素的自然崇尚。野外实地调查展示，贵州喀斯特山区的建筑通常都顺应地形灵活布局，如背山而居，与水相邻，建筑就地取材，建筑空间与背景环境错落有致，等等，充分反映了对自然环境的尊重。在本研究的三个研究区，无论是住宅选址，还是院落空间和环境的营造，都体现出对自然的尊重和与自然融合的思想。在研究中发现，即使利用夏天无云的公认质量较好的卫星图片也较难判读居民点，特别是花江研究区，甚至连拍摄的全景照片都较难识别居民点的全貌，这主要是住宅大都淹没在周围的植物群落中的缘故。

（2）传统的风水观念。根据当地居民介绍，在贵州喀斯特地区特别是农村地区，住宅建造一般必须经过"看风水"的程序，建房要择吉日开工、打桩或者上梁等，并依据一定的风俗杀鸡、摆酒、祭祀。住宅空间结构的营造也有所讲究，如住宅背依山体、正房须宽大、厢房依托正房等。特别是花江研究区的布依族，非常重视建筑的风水和风俗。他们在建造新房时，要择地、择日动工，择日立房。在修建中堂大梁时必须由妻舅送梁，并举行隆重的的上梁仪式，使一只大红冠公鸡站立于大梁上，随着大梁的升高，木匠和石匠对唱《上梁歌》，接着上檩子盖房子，举行乔迁仪式。住进新房后，要集中财力装修大门，选择吉日"开财门"办酒席。现在，随着修建的新宅大多为水泥平房，这种风俗正在慢慢消减。但根据风水择居、营居现象仍然十分普遍，体现在住宅空间结构上，即使现代民居在材质上或建筑方式上已经完全取代了传统民居，但风水的线索还是略见一二。寻龙、察砂、观水、觅穴等由于宅基地的限制，发挥有限；但左青龙蜿蜒、右白虎驯服、后玄武垂头、前朱雀翔舞的营造一点不少。

（3）宗教的留存。贵州喀斯特地区民居的中间正房一般用于供奉祖先、神灵以及节庆日期的祭祀活动，在面朝正门的墙壁上设神龛或祖先牌位，选黄道吉日"安香火榜"，请祖宗或神灵入住。中间为本家祖先或"天地君亲师"等系列神灵，两侧列五行神位，以保佑家人平安。平时香火供奉不息，逢年过节要进行特殊的祭祀和供奉。花江地区的堂屋比较宽大，供奉和祭祀都较为正规，红枫和鸭池地区则不一定供奉在堂屋中，供奉的以本家祖先为主。

3.3.2.4　住宅空间社会特质

（1）生产经济行为下的住宅空间变异。根据面上的野外观察，在住宅区位上，贵州地区的农村住宅慢慢从深山老林中迁移出来，并逐渐靠近交通线路呈线状蔓延。居民迁居公路沿线十分常见，这样运输更方便，是较强烈的经济行为。由于建房成本高，一般经济能力较强的农户才能将住宅迁往公路沿线，也导致了处于公路附近的住宅要比远离公路的住宅结构和质量都较好，而原始和具地方特色的民居要在偏远处才能保留较好。

在住宅空间上，由于农业技术的进步对生产空间的需求增加，农村住宅的场院面积逐渐扩大，建筑逐渐以水泥平房为主，并充分利用屋顶空间进行晾晒或蓄水、养殖等经济活动。另外，一些新型的提升生活品质的设备如沼气池、水冲厕所等也成为住宅空间的重要部分。以上这一类型住宅和前述的沿公路线状蔓延的住宅一样，几乎都是目前贵州农村的新型住宅。

住宅经济导致住宅空间层次的丰富、景观的优化和居住的舒适。许多农户喜欢在房前屋后种植水果、蔬菜或农作物，既美化环境，提高经济收入，也丰富了住宅空间的层次。

（2）丰富的社会空间层次。贵州地区住宅丰富的社会空间层次体现在：精神空间——堂屋，供奉的神灵祖先是心灵的寄托和精神的源泉，也是家庭主要活动场所或重要事务的商议处；家庭交流活动空间——堂屋或院子，且这些家庭活动通常和生产劳作联系在一起，显示出家庭的凝聚力；起居空间——卧室，东邻厢房一般是长辈卧室，西邻厢房或二楼一般为儿女卧室；日常生活空间——厨房、厕所等；生产空间——圈、场院、住宅植物种植场所等。以上观察到的农村住宅与城市住宅的最大区别在于有丰富的社会空间层次以及融合自然空间的居住环境，这是处于钢筋混凝土森林和彼此相邻却不相识的城市居民所向往的。

（3）空间体现社会凝聚力。在贵州农村，讲究的是"家里有个什么事情的时候能叫得上人来帮忙"。因此，串门聊天、娱乐和农业生产及生活互助是家庭交往的主要途径，场院和堂屋则是家庭对外交往的主要活动中心，"远亲不如近邻"是贵州农村住宅社会凝聚力的重要体现。贵州地区农村住宅丰富的空间层次决定了住宅具有强烈的社会凝聚力，这种社会凝聚力不仅仅体现在家庭中，也体现在家庭的对外交往上。

（4）社会空间的空缺和稀疏。空心化是近年来在农村社会研究中逐渐兴起的一个名词。它在研究区也有十分显著的体现：一是农村大量劳动力流向城市务工，农村空留老年人、儿童及病残体弱人士而形成的社会空心化；二是外出务工者将务工收入投入农村建房，却因仍在外务工无法居住而导致的建筑空废化，以及因迁入新居而使远离交通线的偏僻地点的旧居建筑空废化。这些都属于新型农村空巢，并普遍存在于贵州喀斯特地区农村中，因此也导致了社会空间的空缺和稀疏。

上述分析表明，由于三个研究区的区位条件、自然环境、社会经济发展情况等区域综合地理环境有所差异，因此住宅的空间分布既遵循了喀斯特地区住宅空间分布的普通规律，又具有各自的社会经济文化特点，分别体现在院落空间结构、住宅空间的文化特质、住宅空间的社会特质上。可见，喀斯特地区住宅不仅受自然条件的影响，而且还受社会经济条件和文化环境等要素的影响，其中生产力是最主要的因素，决定着喀斯特山区住宅的功能变异，乃至空间的重新构架，形成三个研究区各自不同的住宅社会空间特质。

3.4 住宅分异

根据本研究的需要，研究方法上，首先从住房住宅种类、人均住宅间数、人均居住面积、交通工具、通讯工具、厕所状况、通电情况、生活用水、生活燃料、拥有家用电器情况等10个方面，通过主成分分析及综合评价方法构建家庭住宅居住综合指标，并依此对研究区调查户居住情况进行综合评价；再根据评价结果分析住宅居住差异情况，得出各个研究区的住宅分异系数；在综合评价基础上抽取家庭户总人数、户主年龄、户主民族情况、户主文化程度、户主从事行业、户主是否外出打工及打工地点、打工收入、家庭综合收入等八项社会经济指标，以住宅综合指标为核心，运用泰尔系数进行住宅分异研究，得到各种因素下住宅的差异，并进一步总结影响住宅分异的社会因素；最后根据三个研究区的差异情况得出区域家庭住宅居住状况的差异。

3.4.1 住宅综合指数

人居环境居住指标体系构建是人居环境领域研究较早也较深的课题，评价指标体系多，研究方法杂，但对住宅这一层次的评价较少见。本研究从需求角度出发，针对住宅这一层次，以调查问卷为基础，从住房住宅种类、人均住宅间数、人均居住面积、交通工具、通讯工具、厕所状况、通电情况、生活用水、生活燃料、拥有家用电器情况等10 个方面构建住宅居住综合指标。

由于变量之间的相关关系普遍存在，为避免信息叠加和减轻工作量，我们使用主成分分析方法，结合 SPSS 软件进行综合指标的构建和计算。

3.4.1.1 分析模型

本研究采用综合分析模型，具体过程如下（林海明、张文霖，2005；王家远、袁红平，2007）：

设有 p 个变量 x_1，x_2，$\cdots$，x_p，其综合指标构建的表达式为：

$$F_{综} = \sum_{i=1}^{m} (\lambda_i/p) F_i 。 \tag{3.1}$$

式中：λ_i 为特征值；m 为主成分个数；F_i 为命名的主成分，

$$F_i = \sum_{1}^{p} (a_{ij}/\sqrt{\lambda_i}) ZX_p 。 \tag{3.2}$$

式中：a_{ij} 为初始因子载荷矩阵；ZX_p 为原始观察变量的标准化数据。

3.4.1.2 分析步骤

该模型具体分析步骤如下（林海明、张文霖，2005；王家远、袁红平，2007）。

首先，将得到的数据正向化及标准化（叶宗裕，2003）。在指标处理上，由于调查问卷得到的指标有定性的，也有定量的，本研究根据三个研究区入户调研的总体情况以及结合 SPSS 软件中指标的描述性分析结果，对住房住宅种类、交通工具、通讯工具、厕所状况、通电情况、生活用水、生活燃料等七个指标直接采用调查问卷的形式和入户调查时的记录方式进行分级，而将家电数量、人均住宅间数、人均居住面积三个定量指标按照一定的区间分级作等级处理，具体如表3.2所示。

表3.2　三个研究区住宅指标的处理情况

级别	1级	2级	3级	4级	5级	6级
住房住宅种类	土坯房	石头房	砖瓦结构平房	砖混结构平房	二层楼房	二层以上楼房
交通工具	无	自行车	摩托车	农用汽车	小轿车	各种交通工具均有
通讯工具	无	住宅电话	移动电话	住宅电话 + 移动电话	上网	均有
厕所状况	公用	独用	独用且与沼气池配套	独用，与沼气池配套且较干净	独用且为水冲厕所	独用且为生态卫生示范厕所
通电情况	不通电	通电但经常断电	通电但偶尔断电	通电，几乎不断电	从不断电	电路设施非常好
生活用水	屋檐集水	水窖	河塘水	泉水	井水	自来水
生活燃料	柴草	树木	煤炭	沼气	燃气（煤气、液化气）	电
家电数量/个	1～2	3～4	5～6	7～8	9～10	10以上
人均住宅间数/间	0.5以下	0.6～1.0	1.1～1.5	1.6～2.0	2.1～2.5	2.5以上
人均居住面积/m²	小于10	11～20	21～30	31～40	41～50	50以上

　　由于普通标准化即 SPSS 中提供的标准差方法得出的无量纲数据有负值，不利于下一步的综合分析及差异分析，且研究数据已处理为等级数据，本研究采用指数化处理方法（或极差正规化法）（叶宗裕，2004）将数据无量纲化。

　　其次，运用 SPSS 软件进行相关性判断并计算相关矩阵，确定主成分，再根据式（3.2）得出主成分的表达式，计算主成分值，然后代入式（3.1）得出各家庭户的居住综合得分。

3.4.1.3　结果及分析

　　调查的330户家庭住宅综合评价结果列于表3.3。

表3.3　三个研究区住宅综合评价结果的 SPSS 描述性分析

指标	鸭池	花江	红枫
N	96	92	142
Range	2.8574	3.7984	2.9967
Minimum	0.0057	− 0.1212	0.1321
Maximum	2.8631	3.6772	3.1288
Sum	104.5128	113.8850	217.4868
Mean（statistic）	1.088675	1.237880	1.531597
Mean（std. error）	0.0597778	0.0851671	0.0522769
Std. Deviation	0.5857004	0.8168946	0.6229514
Variance	0.343	0.667	0.388
Skewness（statistic）	0.288	0.538	0.078
Skewness（std. error）	0.246	0.251	0.203
Kurtosis（statistic）	0.071	− 0.052	− 0.388
Kurtosis（std. error）	0.488	0.498	0.404

从表3.3可明显看出，红枫研究区的住宅总体水平较高，其次为花江研究区，最后是鸭池研究区；住宅条件最好的出现在花江研究区，最差的也出现在花江研究区。结合实地调研情况分析其原因可看出，红枫研究区自然条件好，交通方便，人口规模适中，居住总体条件相对优越；鸭池研究区虽然自然条件比花江研究区优越，但由于人口规模大，长期发展导致居住用地趋紧，整体住宅情况不如花江研究区；在花江研究区，居住用地不紧张，独立式的院落较多，居住环境的营造较好，住宅条件也较好，但由于长期脆弱的生态环境和落后的社会经济情况，住宅条件最差的也出现在该区域。

3.4.2　住宅分异程度

考虑到如果以家庭住宅为单位进行区域空间差异分析较为微观，且细化的难度较大，我们主要从反映家庭总体情况和户主的人口特征方面的家庭户总人数、户主年龄、户主民族情况、户主文化程度、户主从事行业、户主是否外出打工及打工地点、户主是否外出打工及打工收入、家庭综合收入等八项社会经济指标对住宅的群体分异作探讨，并将三个研究区作一定的对比分析，以此典型案例来了解贵州喀斯特地区的住宅分异情况。

3.4.2.1 分析模型

由于每个家庭的住宅状况不一致，体现在空间上的分异情况也不一样，因此有必要对研究区的家庭住宅分异程度作分析，以掌握住宅条件优劣程度空间分布的状况。描述数据分布离散情况的指标很多，如标准差、方差、变异系数、基尼系数等，但这些指标对数据的内部差异描述上还存在很多不足，因而在此引入泰尔系数（Shorrocks A F，1980；Lopez-Rodriguez J，Faina J A，2006；Duro J A，2008；Miskiewicz J，2008）对住宅总体条件的差距进行分解分析。

泰尔系数是泰尔（Theil）利用熵概念来计算收入的不平等而得名，系数越大，差距越大，其优点是衡量数据组内差距和组间差距对总差距的贡献。利用泰尔系数充分考虑到人口作用的优势，本研究在此将其变换为家庭户数比重，与泰尔系数中人口比重的意义相当。

泰尔系数的公式包括组内差距和组间差距两部分，即（Shorrocks A F，1980；Lopez-Rodriguez J，Faina J A，2006；Duro J A，2008；Miskiewicz J，2008）：

$$T_h = T_w + T_b \text{。} \tag{3.3}$$

采用具有可分解性质的泰尔系数，并将家庭户数作为权重得出住宅分异的泰尔系数公式：

$$T_w = \sum P_i T_i , \tag{3.4}$$

$$T_b = \sum P_i \ln(P_i/F_i) , \tag{3.5}$$

$$T_i = \sum_j (p_{ij}/p_j) \ln\left(\frac{p_{ij}/p_j}{f_{ij}/f_i}\right) \text{。} \tag{3.6}$$

式中：T_h 为测度区域住宅总体差异的泰尔系数；T_w 为组内差距；T_b 为组间差距；i 为按照某种特征划分的组数；P_i 是第 i 组家庭户数占所研究总家庭户数的比重；F_i 是第 i 组的住宅综合评价值在综合评价总值中的比重；T_i 是未加权的组内的泰尔系数；p_i 是第 i 组的总家庭数；f_i 是第 i 组的住宅综合总指标；p_{ij} 是第 i 组的第 j 家庭；f_{ij} 是第 i 组中第 j 家庭的住宅综合指标。

3.4.2.2 结果分析

从家庭户总人数、户主年龄、户主民族情况、户主文化程度、户主从事行业、户主是否外出打工及打工地点、户主是否外出打工及打工收入、家庭综合收入等八个方面进行分组，研究这八个方面的住宅分异情况，分组情况和泰尔指数计算结果如表 3.4。

表3.4　三个研究区住宅分异的泰尔系数

指　　标	红枫研究区			鸭池研究区			花江研究区		
	总系数	组间差距	组内差距	总系数	组间差距	组内差距	总系数 T_h	组间差距 T_b	组内差距
家庭户总人数	0.078342	0.008244	0.070098	0.12834	0.004588	0.123752	0.177965	0.011652	0.166313
户主年龄	0.047081	0.004199	0.042882	0.120965	0.014246	0.106719	0.177169	0.003179	0.17399
户主民族	0.047929	0.001957	0.045972	0.121699	0.000047	0.121652	0.177396	0.005714	0.171682
户主文化程度	0.047549	0.007007	0.040542	0.121161	0.011238	0.109923	0.177323	0.014866	0.162457
户主从事行业	0.047458	0.00131	0.046148	0.121407	0.020135	0.101272	0.175979	0.005634	0.170345
户主是否外出打工及打工地点	0.047078	0.00131	0.045768	0.121813	0.006605	0.115208	0.177535	0.004285	0.17325
户主是否外出打工及打工收入	0.048027	0.003087	0.04494	0.121868	0.006635	0.115233	0.17758	0.000002	0.177578
家庭综合收入	0.047176	0.010629	0.036547	0.131016	0.015618	0.115398	0.177697	0.002571	0.175126

（1）总体情况差异。由表3.4可见，三个研究区住宅分异情况以花江研究区最明显，鸭池研究区次之，红枫研究区分异度最小，这与观察的事实基本相符合。在花江研究区，由于其高原峡谷的典型特征，自然环境垂直分异现象明显，相应的农作物生产、社会经济发展也存在明显的垂直分异情况，特别体现在居住环境上。花江研究区的50个村组散落在海拔相差500～1200 m的花江大峡谷谷肩、谷坡、谷腰、谷顶等处的溶丘洼地、溶丘谷地、峰林盆地、峰林谷地、峰丛谷地、峰丛洼地、溶丘台地、峰丛峡谷中。各个地方的小环境不同，相应的社会经济和人文环境也有所差别，并存在较大的水平和垂直分异现象，住宅环境分异程度较大也不言而喻。鸭池研究区以其高原山地的自然环境特征使得农业生产和社会经济发展存在一定的分异，特别是聚落，主要分布在喀斯特高原山地的溶丘洼地、溶丘谷地、峰丛洼地、峰丛谷地中，山地的阻隔使得居住环境具有一定的分异性，但又明显次于花江研究区。红枫研究区则因其高原盆地的自然环境，使得聚落主要分布在盆地中，地势平坦开阔，人口众多，居住差异性不大。

就住宅条件而言，在上述八个方面，花江研究区分异系数大的前三位是家庭户总人数、家庭综合收入、户主是否外出打工及打工收入，鸭池研究区是家庭综合收入、家庭户总人数、户主是否外出打工及打工收入，红枫研究区是家庭户总人数、户主是否外出打工及打工收入、户主民族情况。可见家庭户总人数、户主是否外出打工及打工收入是影响住宅分异的主要因素。

（2）组内差距。就泰尔系数的两个部分——组内差距和组间差距而言，从表3.4可以明显看出，三个研究区的组内差距明显大于组间差距，可见组内差距是研究区住宅分异泰尔系数的主要贡献力量，也即表明从八个方面进行分组的同时，也体现出影响研究区住宅分异的八个比较明显的因素。

在三个研究区的组内差距（图3.8）中，很明显花江研究区组内差距是各区中最大的，其中户主是否外出打工及打工收入这组的差异最大，其次是家庭综合收入，体现了经济收入在花江研究区住宅分异方面的主导作用，这与实地调研得到的结果基本相符。即在花江研究区，由于自然条件不大好，一直以来依靠种植业为生，连基本生活保障都有困难，劳动力纷纷外出就业。在鸭池研究区，家庭户总人数这组的差异最大，体现出鸭池研究区人多地少，居住用地趋紧的实际情况；红枫研究区同样是家庭户总人数这组的组内差异系数大。可见在后两个研究区，家庭的总人数是影响住宅差异的主要因素。

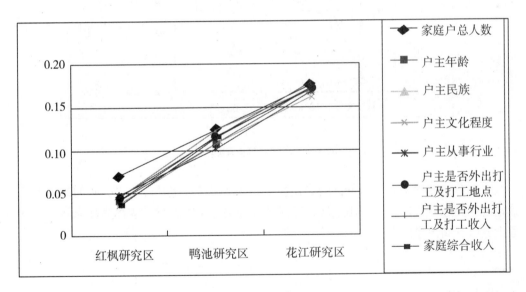

图3.8　三个研究区组内差距

（3）组间差距。三个研究区的组间差距变化不大，介于 0 ~ 0.020135 之间，且各个研究区差异不大（图3.9）。变化幅度最大的是以户主从事行业进行分组的情况，显示鸭池研究区在这个方面的分异程度比其他研究区大。这与实际了解的情况也很符合。在鸭池研究区问卷发放地的半坡一带，当地农民纷纷到临近的复烤厂打工，每月基本收入可以达到1500～2000元，因此农民基本不外出务工，每年的目标就是争取到复烤厂打工的机会。而能打工和不能打工所体现的收入差别较大。这个现象在一定程度上说明鸭池研究区的住宅分异与户主从事行业关系很大，也说明了影响农村住宅分异的主要因素是经济，而决定农民经济来源的原因多种多样，这也是农村住宅分异研究难度较高的原因之一。

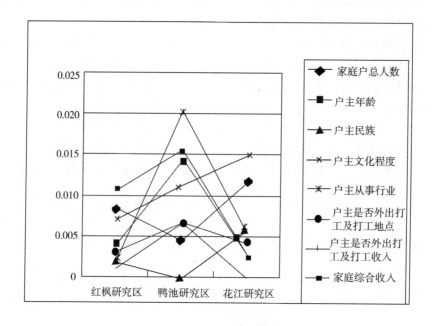

图3.9 三个研究区组间差距

本部分研究得出三个研究区的居住综合评价结果即住宅总体水平分布的规律为高原盆地区＞高原峡谷区＞高原山地区，而区域内部住宅条件差异的规律为高原峡谷区＞高原山地区＞高原盆地区。

本章小结

选取代表贵州喀斯特地貌类型的三个研究区作对比分析，分别是乌江—北盘江分水岭的喀斯特高原盆地区清镇红枫湖研究区、乌江上游的喀斯特高原山地区毕节鸭池研究区、北盘江中游的喀斯特高原峡谷区关岭—贞丰花江研究区。

一方面，由于自然环境的限制，长期以来喀斯特地区聚落和人居环境的发展和演变都遵循着一定的规律，特别是住宅的空间分布和空间结构。喀斯特地区住宅的分布受自然地理环境特别是喀斯特地貌的影响很大，住宅主要分布在喀斯特盆地、洼地、谷地等负地貌和溶丘、溶原、峰丛等正地貌，并随着喀斯特地表地貌和组合地貌的形态表现出一定的空间分布特点和规律，构成聚落的基本形态。

另一方面，由于三个研究区的区位条件、自然环境、社会经济发展情况等区域综合地理环境有所差异，住宅的空间分布既遵循喀斯特地区住宅空间分布的普通规律，又具有各自的社会经济文化特点，分别体现在院落空间结构、住宅空间的文化特质、住宅空间的社会特质上。

三个研究区的住宅空间差异应与区域综合地理环境空间差异密切相关。为验证这一设想，根据研究的需要和入户调查的数据，本章从住房住宅种类、人均住宅间数、人均居住面积、交通工具、通讯工具、厕所状况、通电情况、生活用水、生活燃料、拥有家用电器情况等10个方面，通过主成分分析及综合评价方法构建家庭住宅居住综合指标，并依此对研究区调查户居住情况进行综合评价，得到综合评价结果，即住宅总体水平分布的规律为红枫研究区＞花江研究区＞鸭池研究区。再以住宅综合指标为核心，运用泰尔系数，以家庭户总人数、户主年龄、户主民族情况、户主文化程度、户主从事行业、户主是否外出打工及打工地点、打工收入、家庭综合收入等八项社会经济指标为分组依据，对各个研究区的住宅分异情况进行分析，得出三个地区住宅差异以花江研究区最明显，鸭池研究区次之，红枫研究区最小的结论。

研究分析表明，三个研究区住宅空间差异和区域综合地理环境特别是地貌空间差异的规律一致，体现在两点：①综合地理环境以高原盆地区最好，其次为高原山地区，高原峡谷区最差；住宅总体状况以高原盆地区最好，高原峡谷区其次，高原山地区最差。可见区域综合地理环境是影响居住的基本因素，但在经济、人口因子起主导作用时，居住环境会产生变异。其中，生产力因素决定喀斯特山区住宅的功能变异，以至于空间重新构架，形成三个研究区各自不同的住宅社会空间特质；人口因素则成为影响居住条件好坏的关键。②从以地貌为主的自然地理环境来看，高原峡谷区自然地理环境差异最大，其次为高原山地区，高原盆地区最小。相应的住宅空间差异也以高原峡谷区最大，住宅分异情况明显；高原山地区住宅情况有一定的空间分异性，但又明显次于峡谷区；高原盆地区则因地势平坦开阔，人口众多，居住差异性不大。

第4章　贵州喀斯特地区聚落空间格局

聚落就是人口聚居地，是人类各种形式的居住场所，在地图上表现为居民点（王恩涌 等，2000），因此居民点无疑是聚落空间格局研究的基础。由于人的聚居，作为人口聚集地的聚落人口和聚落用地（即居民点）应是聚落空间格局研究的两个重要内容，这两个内容在地理空间中并不是随意分散着，而是在特定的地理空间下具有特定的结构。在空间格局方面，本章从聚落的规模、密度、形态、空间分布规律四个方面进行分析。规模是地理空间这一容器的容量，密度是聚落的人口和居民点在地理空间中的分布和组合，形态是外在表现，分布规律是地理空间作用下聚落的进一步结构。

本部分研究数据主要源自笔者 2008 年暑假及 2009 年暑假对贵州三个典型喀斯特地貌区进行的野外调研，以及参加南方喀斯特研究院"喀斯特高原退化生态系统综合整治技术开发"课题（2006BAC01A09）研究获得的 2007 年研究区 1∶10000 土地利用数据、土地利用实地调查数据、1∶10000 基础地理信息数据及等高线数据，以及涉及 29 个行政村、219 个村民组的人口调查数据。

4.1 规　模

本书涉及的聚落规模包括人口规模、用地规模。它们对于土地承载力和环境容量有重要意义，聚落的适宜规模影响居住的活动理论半径，并影响着聚落的发展。

本书仅此处的聚落指以村民组为单位的聚落，以下关联维数和聚集维数等研究的聚落指以行政村为单位的聚落，居民点则是土地利用类型的定义。

4.1.1　人口规模

表 4.1 列出了前述 2007 年下半年和 2008 年上半年进行的入户调查数据分析结果。利用 SPSS 软件对各研究区内各村民组人口规模进行一维频数分布分析，并根据分析结果，以人口数为横坐标、聚落个数为纵坐标作出三个研究区的聚落频率分布图，以人口数为横坐标、聚落累积个数为纵坐标作出聚落频率累积曲线图（图 4.1、图 4.2）。分析结果表明，三个研究区聚落人口规模、组成与结构具有以下基本特征：

表 4.1 三个研究区的人口规模

名称	总人口/人	人口密度/(人·km^{-2})	聚落/个	均值	最大值	最小值	众数	极差	标准差	方差	偏度	峰度
红枫研究区	15852	286.8	68	244	793	65	135	728	133	17818	2.33	6.2
鸭池研究区	21441	516.3	104	204	639	59	140	580	108	11632	1.53	3.4
花江研究区	7632	147.9	47	165	314	48	180	266	67	4478	0.35	-2.3

资料来源:根据在南方喀斯特研究院收集的 2007 年研究区社会经济调查及人口数据整理。

(1)聚落人口规模较小。55% 的聚落人口规模不足 200 人,86% 的聚落人口规模不足 300 人;聚落平均人口规模 208 人,最小的聚落人口规模仅为 48 人;聚落规模分布有差异,最大值与最小值之差为 745 人。

(2)聚落人口规模差异明显(参见图 4.1)。鸭池研究区曲线存在多峰态,红枫研究区次之,花江研究区最简单,指示鸭池研究区聚落人口规模大,聚落多,红枫研究区次之,花江研究区最少;从曲线尾部来看,红枫研究区尾部较长,鸭池研究区次之,花江研究区最短,指示优势聚落在红枫研究区较为明显,且聚落平均规模也居三个研究区之首。

鸭池研究区人口最多,红枫研究区次之,花江研究区人口最少(参见表 4.1 和图 4.1)。可见喀斯特聚落人口规模分布规律为山地 > 盆地 > 峡谷。

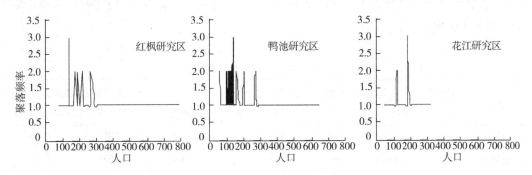

图 4.1 三个研究区聚落频率分布

(3)喀斯特聚落人口规模差异的分布规律是盆地 > 山地 > 峡谷(参见图 4.2)。鸭池研究区和红枫研究区的概率累积曲线基本为两段型,最大人口规模的聚落在红枫研究区,花江研究区则只有一段,且斜率最大,规模最大值仅 314 人。这指示红枫研究区聚落规模差异较大,鸭池研究区次之,花江研究区最小,说明了喀斯特山区人口集聚的规

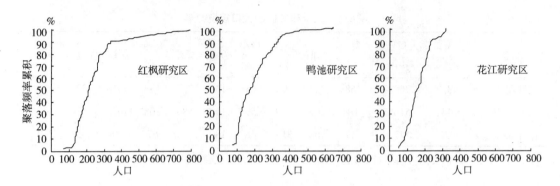

图4.2　三个研究区聚落频率累积曲线

律，即高原盆地是人口集中地，高原山地区次之，高原峡谷区因地形复杂使得聚落小而分散，优势聚落不明显。

4.1.2　用地规模

数据处理使用 ArcGIS 9.2，从三个研究区的 2007 年土地利用数据中提取居民点数据并转换为 grid 格式，导入 Fragstats 3.3 景观分析软件（McGarigal K et al.，2002）计算景观格局指数。选取的景观格局指数有面积（CA）、斑块数（NP）、最大斑块指数（LPI）、斑块密度（PD）、平均斑块面积（MPS）、斑块面积标准差（$PSSD$）六项，结果如表4.2所示。

表4.2　三个研究区的居民点用地规模

名称	土地总面积/hm²	居民点用地比重	斑块数量（NP）/个	斑块密度（PD）/（个·100 hm⁻²）	最大斑块指数（LPI）/%	平均斑块面积（MPS）/hm²	斑块面积标准差（$PSSD$）
红枫研究区	5528	0.0175	366	329.8189	5.2537	0.3032	0.5799
鸭池研究区	4153	0.0316	157	110.53	7.98	0.9047	1.4454
花江研究区	5162	0.0068	190	427.63	4.9741	0.2338	0.3133

资料来源：三个研究区 2007 年 SPORT5 卫星影像提取的土地利用数据。

居民点用地比重：是居民点用地面积与土地利用总面积之比。从 2007 年土地利用数据中提取三个研究区的居民点用地面积和土地利用面积进行计算，得出三个研究区的用地比重情况：鸭池研究区用地比重最高，为 0.0316，花江研究区最低，为 0.0068，红枫研究区居中，为0.0175。这与喀斯特聚落人口规模分布规律为山地＞盆地＞峡谷一致，更好地说明了喀斯特高原聚落的空间分布规律。

居民点斑块数量与斑块密度：斑块数是标志景观破碎化程度的一个重要指标（李秀珍 等，2004），结合斑块密度进行分析则能较为有效地说明居民点的规模问题。从规模上来看，红枫研究区斑块数量最多，花江研究区次之，鸭池研究区最少，但斑块密度以花江研究区最大，表明花江研究区的居民点数量较少，且总体规模和个体规模都小，鸭池研究区的居民点数量最少，但个体规模都较大，红枫研究区居民点数量最多，但个体规模稍小。这在一定程度上说明花江的居民点非常分散且破碎，红枫研究区较为集中，鸭池研究区最为集中。

最大斑块指数：这是体现居民点规模和集聚程度较好的一个指标。表4.2中最大规模的居民点位于鸭池研究区，可见鸭池研究区居住较为集中。结合用地比重与分析，可明显看出鸭池研究区由于人口聚集凸显出的居住用地趋紧矛盾比较突出。

平均斑块面积和斑块面积标准差：从表4.2来看，鸭池研究区的居民点平均规模最大，红枫研究区次之，花江研究区最小，说明鸭池研究区的居民点最为集中，居住用地平均规模最大，花江研究区最为分散，居住用地平均规模最小。从斑块面积标准差来看，鸭池研究区的居民点用地规模差异性最大，花江研究区最小，红枫研究区居中，说明红枫研究区的居民点分布较为集中但不均匀，这可能和复杂的喀斯特高原盆地地形以及湖泊水系有关。

将上述人口规模、用地比重及用地规模几方面综合分析，可得出喀斯特地区聚落人口规模和居民点用地规模分布规律为高原山地区＞盆地区＞峡谷区，而喀斯特区域内部聚落规模差异的分布规律是高原盆地区＞山地区＞峡谷区。具体表现在：高原山地区人口最多，居民点数量也较多，且个体规模都较大，居住集中，居住用地平均规模最大，由于人口聚集凸显出的居住用地趋紧矛盾比较突出；高原盆地是喀斯特地区的人口集中地，由于复杂的喀斯特高原盆地地形以及湖泊水系对居民点面积的分割，居民点数量最多，但个体规模稍小，分布较为集中但不均匀；高原峡谷区因地形复杂，海拔差异大，使得聚落小而分散，优势聚落不明显，居民点数量最少，总体规模和个体规模都小，居民点非常分散且破碎。

可见，高原山地区在人口密集的情况下，居民点用地比重较高，反映出人口多、居住用地趋紧等一系列突出的人地关系矛盾；峡谷区则在自然条件的限制下，用地规模小，人口规模也小，长期脆弱的生态环境导致的人地关系矛盾体现在自然条件对聚落发展的限制上，因此需要加大对居住环境的治理和改善；盆地区由于地形开阔平坦，自然条件好，人口分布较合理，成为喀斯特高原较适宜人居的地方。

上述结论同时也显示，喀斯特聚落规模差异分布的规律和第3章所述的住宅空间差异的规律一致，也与三个典型地貌研究区以地貌为主的自然地理环境差异规律一致：喀斯特高原盆地区自然地理环境差异小，区域内部住宅综合状况差异较小，聚落分布集中，集聚、半集聚聚落多，相应的聚落规模差异较大；高原山地区自然地理环境差异较大，住宅的区域差异较大，聚落分布也较为集中，但规模差异稍小于高原盆地区；高原峡谷区因其明显的自然地理环境分异，住宅的区域差异是最大的，聚落小而分散，规模差异不大。

4.2 密　度

　　为与前述规模研究内容一致，本部分将重点放在聚落的人口密度和住宅密度两个方面，并力求通过两方面的对比分析，得到喀斯特高原聚落空间结构的初步印象。

4.2.1　人口密度

　　前述表4.1列出了三个研究区的人口密度分别为：鸭池研究区516.3人/km²，红枫研究区286.8人/km²，花江研究区147.9人/km²。这里将结合三个研究区土地利用数据和基础地理数据，计算研究区内各村的人口密度，并绘制各区人口密度分级图（图4.3至图4.5）。

4.2.2　住宅密度

　　本研究的住宅密度并非选取住宅的数量，而是将住宅建筑占地面积即居民点面积作为重要指标进行分析，定义住宅密度为住宅占地面积和土地面积之比。采取从土地利用数据中提取居民点面积数据的方法，因此实际上此处的住宅密度即为上文提及的居民点用地比重的概念，即计算分村的聚落用地比重，并绘制密度分级图（图4.6至图4.8）。

　　分析结果显示，在三个研究区中，人口密度以鸭池研究区最大，如以516.3人/km²作为该研究区的人口平均密度，则在鸭池研究区的10个村中，有6个村人口密度大于此值；红枫研究区中，有3个村人口密度大于286.8人/km²；花江研究区中，有5个村人口密度大于147.9人/km²。

　　在三个研究区中，住宅密度以鸭池研究区最高，有6个村住宅密度大于该研究区平均密度0.0316；红枫研究区中有5个村住宅密度大于0.0175；花江研究区中有4个村住宅密度大于0.0068。

　　可见，喀斯特高原人口密度和住宅密度的分布规律均为喀斯特高原山地区＞盆地区＞峡谷区。而在区域内部又存在着明显的差异：鸭池研究区住宅密度最大的为鸭池村，人口密度最大的为头步桥村；红枫研究区住宅密度最大的为民联村，人口密度最大的则为芦荻村；花江研究区住宅密度和人口密度最大的均为木工村。上述结果展示了，聚落是人和地域相结合而产生的具有空间结构的文化景观，其直接表现就是各式各样的住宅以及基于住宅基础上的包含聚落其他空间要素的城市或乡村，人是决定聚落发展的重要力量。

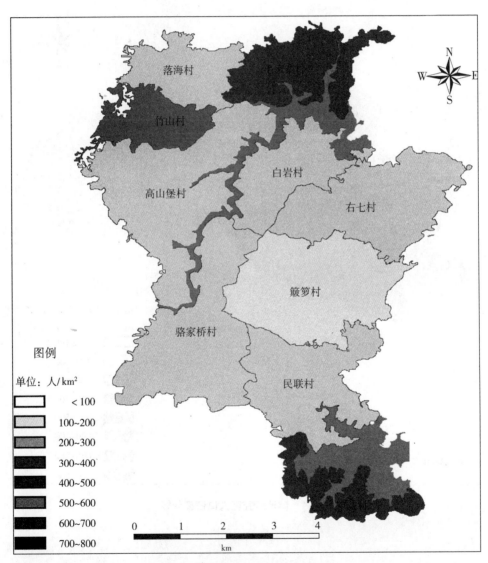

图4.3　红枫研究区人口密度分级

　　将上述结论与住宅的空间分布和聚落规模的空间分布相结合分析,可以看出,喀斯特高原山地区的聚落用地规模和人口规模、人口密度和住宅密度是三个典型地貌研究区中最大的,喀斯特高原盆地区次之,高原峡谷区最小。这也恰好与第3章中对三个典型地貌区居住总体水平的评价结果一致,即高原盆地区居住总体水平是最好的,高原山地区因人口众多,居住用地趋紧,而成为三个研究区中居住条件最差的区域。

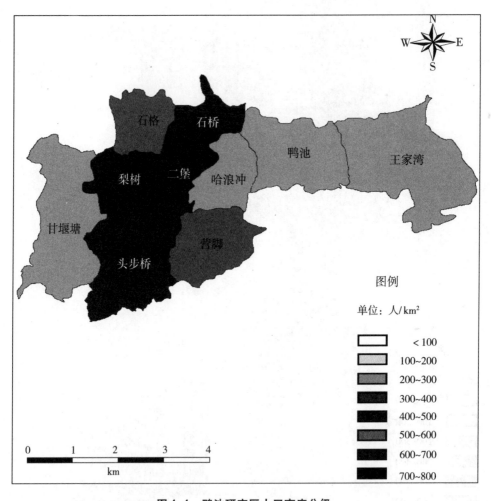

图4.4　鸭池研究区人口密度分级

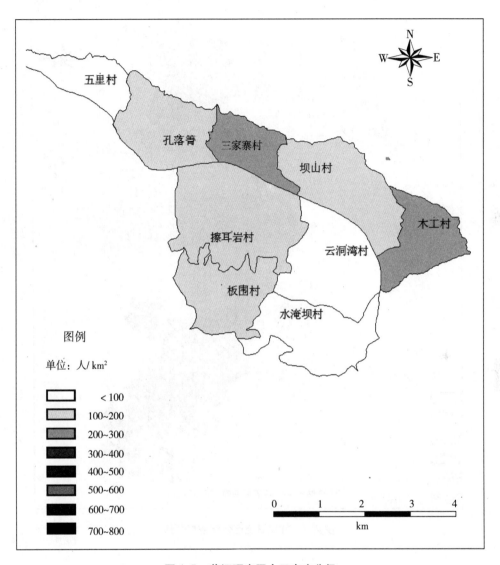

图4.5　花江研究区人口密度分级

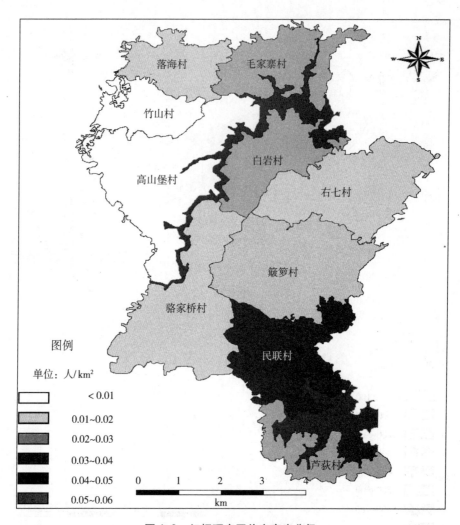

图例

单位：人/km²

	< 0.01
	0.01~0.02
	0.02~0.03
	0.03~0.04
	0.04~0.05
	0.05~0.06

图4.6　红枫研究区住宅密度分级

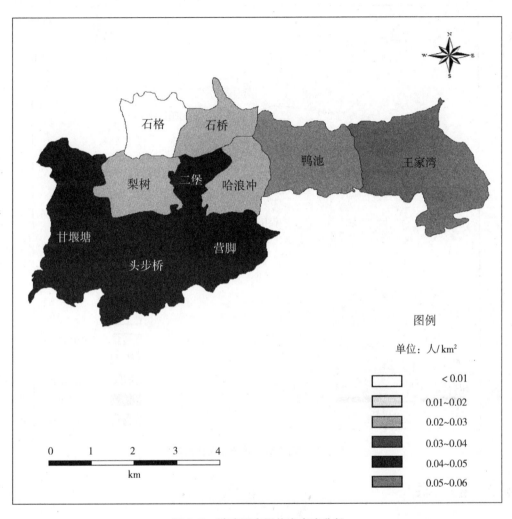

图 4.7　鸭池研究区住宅密度分级

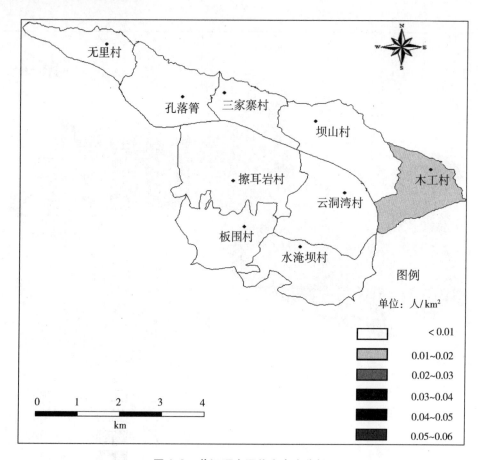

图4.8　花江研究区住宅密度分级

4.3　形　态

4.3.1　按集聚的程度划分

喀斯特地区聚落的发展明显受到喀斯特地形地貌的影响，其形态和地表正地貌、负地貌及其组合形态密切相关。如第3章研究所述，住宅主要分布在喀斯特盆地、洼地、谷地等负地貌和溶丘、溶原、峰丛等正地貌，并随着喀斯特地表地貌和组合地貌的形态表现出一定的空间分布特点和规律，构成聚落的基本形态。根据人文地理学研究中聚落形态分类的基本方法（管彦波，1997），本研究初步将聚落分为集聚型、半集聚型和分散型。集聚型聚落在喀斯特山区多为平面圆形或不规则的多边形，且由于地形、河流和交通等因素，其聚落形态通常表现为团聚状、串珠状、组团状、条带状集聚等。分散型聚落因地形的阻隔使得聚落分布较为随机和分散，视聚落的大小和观测的尺度可分为均匀分散、随机分散、带形分散等。

从遥感影像提取的土地利用数据中导出的三个研究区居民点分布图（图4.9）可以看出，由于区域喀斯特地区地形较为破碎，聚落较为分散，集聚的大型聚落并不多见。在花江研究区，聚落规模小，分散型聚落较多；红枫研究区和鸭池研究区聚落规模较大，半集聚、集聚型聚落较多。

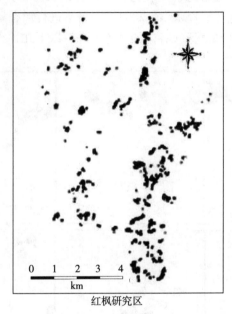
红枫研究区

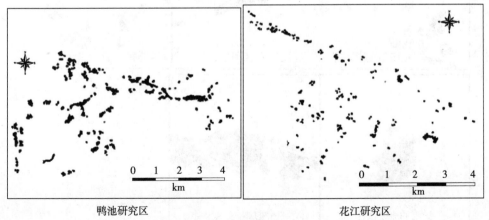

鸭池研究区　　　　　　　　　　　　　　　花江研究区

图4.9　三个研究区聚落分布

4.3.2 按平面形态划分

如前所述，住宅的分布随着喀斯特地表地貌和组合地貌的形态表现出一定的空间分布特点和规律，构成聚落的基本形态。将等高线图和居民点叠加分析，并根据实地调查的情况，可明显看出，地形地貌是决定喀斯特地区聚落形态的基本因素。根据聚落分布的地貌条件和表现出来的平面形态，用较为直观的图解式分析方法（克罗基乌斯 B P，1982；邹德慈，2002；周晓芳、周永章，2008）对聚落进行形态划分，分析展示，喀斯特高原盆地区、高原山地区和高原峡谷区的聚落形态有以下几种类型（图4.10）：

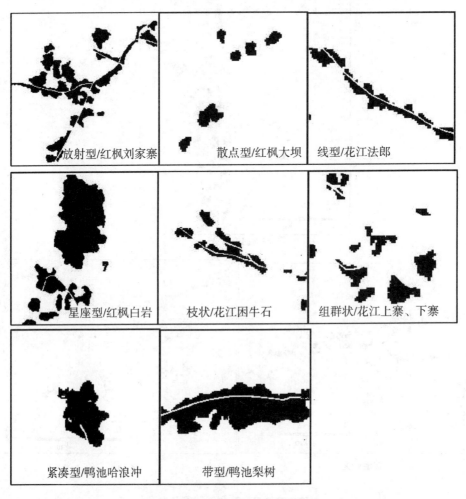

放射型/红枫刘家寨　散点型/红枫大坝　线型/花江法郎

星座型/红枫白岩　枝状/花江困牛石　组群状/花江上寨、下寨

紧凑型/鸭池哈浪冲　带型/鸭池梨树

图4.10　三个研究区代表聚落形态

紧凑型：如方形、圆形、扇形等，形成于喀斯特溶丘、洼地、盆地等地势相对平坦地区，聚落布局紧凑。如鸭池研究区很多地方。

　　放射型：形成于喀斯特谷地等大片紧凑用地地区，一般沿谷地延伸的方向放射，通常也为交通线路延伸方向。如红枫研究区刘家寨一带。

　　线型：形成于喀斯特峡谷地区或喀斯特山地陡坡较大的带状地形区。如花江研究区法郎一带。

　　带型：比线型规模较大，并明显呈单向或双向发展，往往受自然条件所限，或完全适应和依赖区域主要交通干线而形成。如鸭池研究区梨树一带。

　　枝型：形成于喀斯特地区复杂带状地形区。如花江研究区困牛石、鸭池二堡一带。

　　星座型：由一个具一定规模的主体聚居团块和三个以上较次一级的基本团块组成的复合形态。如红枫研究区白岩一带。

　　组群型：若干相互分离的紧凑型聚落的组合。如花江研究区上寨、下寨一带。

　　散点型：聚落小而分散，或没有明确的主体聚居团块，各聚落团块呈散点状分布。如红枫研究区大坝一带。

4.3.3　景观形态指数

　　本部分同样使用景观分析软件 Fragstats 3.3 计算居民点景观格局指数，选取的景观格局指数有平均形状指数（MSI）、面积加权平均形状指数（AWMSI）、平均斑块分形分维数（MPFD）、面积加权的平均斑块分形分维数（AWMPFD）。

表4.3　三个研究区的居民点形态指数

名称	平均形状指数（MSI）	面积加权平均形状指数（AWMSI）	平均斑块分形分维数（MPFD）	面积加权的平均斑块分形分维数（AWMPFD）
红枫研究区	1.4176	2.0717	1.0916	1.1480
鸭池研究区	1.6464	2.5377	1.1052	1.1649
花江研究区	1.3878	1.8142	1.0890	1.1329

　　由表4.3看出，各项指标最大的是鸭池研究区，其居民点形状偏离正方形较大，形状相当不规则且最为复杂，红枫研究区次之，花江研究区最小。分析结果表明，居民点的形态与居民点的规模之间存在一定的比例关系，居民点规模越大，居民点形态越复杂。

　　与第3章所述的各研究区影响住宅分布的组合地貌及住宅分布特点结合分析，可以看出：以峰林型和溶原型组合地貌为主的喀斯特高原盆地区聚落集中分布在盆地、洼地、谷地等负地貌中，高原盆地的这些负地貌由峰丛、溶原等正地貌及水系等划分，形成大小各异的空间并发育各种集聚形态的聚落，且由于地形开阔，集聚、半集聚的聚落较多；高原山地区地貌以峰丛型和溶丘型为主，聚落人口规模和用地规模都较大，以分布在谷地和溶丘的集聚型、半集聚聚落为主，兼有洼地中的小型聚落散布；高原峡谷区以峡谷地貌为主要地表形态，盆地、谷地、洼地等负地貌均较为小型，聚落规模小，分散型聚落较多。

由于地貌形态特别是地表组合地貌大小和形态的差异，喀斯特地区聚落表现出一定的平面形态，且这种形态与居民点的规模之间存在一定的比例关系，居民点规模越大，居民点形态越复杂。

4.4 空间分布规律

通过 ArcGIS 9.2，将研究区居民点数据、等高线与行政区划、交通、水系等基础地理信息进行叠加，结合实地调研情况，分析对比得出几个因素作用下居民点的空间分布规律。

4.4.1 多因素影响下研究区聚落的空间分布规律

4.4.1.1 地形

在各种喀斯特高原地形中，以高原峡谷区的花江研究区地形最为复杂，等高线最为密集，高程变化在 450 ~ 1410 m 之间，居民点分布也相对分散和无序。但其居民点分布有三大规律：一是顺着等高线延伸方向呈串珠状分布，如坝山村、三家寨村、大石板村和五里村的很多聚落，几乎都沿着 825 ~ 875 m 之间的等高线呈西北—东南走向分布。二是分布在负地貌边缘，主要是高原峡谷区的洼地地貌，即等高线高程由中心向外围降低的过渡地带，如胡家麻窝、板围等地。三是分布在等高线稀疏的地形相对平缓地带。这些地区如离花江峡谷区较近，则可能是花江峡谷下切过程中出露的部分台地，如花江峡谷附近的韩家寨、槽子等地；如离峡谷区远，则可能是相对平缓的山地，如水淹坝、冗发、纳堕一带。

鸭池研究区属于高原山地区，海拔在 1310 ~ 1770 m 之间，平均海拔最高，但由于高程变化不如花江大，地形起伏也相对较缓和，居民点分布较为集中，分布有四个规律：一是分布在海拔较低的负地貌边缘和负地貌中，通常沿着喀斯特高原常见的洼地围绕底部向上逐渐增加，到中部最多，到洼地边缘开始分散，如田湾、王家湾子一带；二是分布在等高线稀疏的地带，这些地方地势平坦，靠近公路，聚落分布呈沿路的带状或枝状，如梨树等地；三是分布在等高线槽部位，通常为起伏不大的山谷中和山脚下，这类聚落规模较小，通常呈散点状，如山脚和大山脚一带；四是分布在坡度平缓的山地半坡附近，这是居住用地趋紧的情况下，聚落发展和延伸的结果。分布在半坡一带的聚落通过长期的发展，已经形成规模较大、层次非常强的立体居住景观，进村公路也是顺山蜿蜒而上；但随着经济的进一步发展，这类聚落已经开始表现出建筑空废化形式的空心化。

红枫研究区是典型的高原盆地区域，平均海拔在 1210~1450 m，海拔相差和地形起伏在三个区中最小，地势较为平坦，因此居民点分布也较为集中，其分布同样有三个规律：一是分布在负地貌边缘，如里五上、里五下等地；二是分布在等高线槽部位或山脚地带，这些地方地势平坦，土壤肥沃，易于耕种和居住，如骆家桥、羊昌洞等地；三是分布在开阔的盆地中，等高线稀疏甚至空白，聚落规模大，是人口最为集中的地方，如王家寨、龙滩等地。

上述研究也说明了，地形是影响居民点分布空间格局的基本因素，即在三个研究区中，以喀斯特高原地貌为主的地形决定了居民点分布更为复杂。

4.4.1.2　水系

对三个研究区的研究分析表明，河流、湖泊等不仅影响居民点的分布，还影响其形态的延伸和规模的发展。其中以红枫研究区最为明显，全区基本沿着红枫湖及其水系分布，这些居民点镶嵌在红枫湖及其水系周围，产生了较为艺术的景观特征。鸭池研究区的平均海拔高于红枫研究区，其代表性地形——喀斯特高原山地遍布将近 40 条小河流（但没有大的河流）和近 20 个水塘或湿地，居民点大多围绕这些河流和湿地分布。花江研究区则以深切的北盘江成为贞丰和关岭两县的县界，并明显地将研究区一切为二。由于峡谷区海拔的巨大落差，花江流域两岸的聚落无法亲水而居，并承受着严重缺水带来的生活难题。

4.4.1.3　耕地

本研究进行了耕聚比计算，以此分析耕地对聚落分布的空间作用。耕聚比（G）即耕地面积（L）和居民点面积（H）之比，公式如下（李瑛、陈宗兴，1994）：

$$G = \frac{L}{H} \text{。} \tag{4.1}$$

在实际土地利用调查中发现，三个研究区中以红枫研究区耕地面积最大，鸭池研究区次之，花江研究区最小，可见耕地的分布和喀斯特地形关系非常密切。在耕地对居住分布的影响方面，经计算得出红枫研究区的耕聚比为 35.7，鸭池研究区为 30.3，花江研究区为 23.12，可见花江研究区无论是耕地面积还是居民点面积都小，耕聚比最小，耕地用地紧张，因自然环境条件较差而导致的人地关系矛盾更为突出。而鸭池研究区人口规模最大，耕聚比却小于红枫研究区，更加凸显因人口过多而导致的生产和生活用地的紧张，是因人类活动而导致人地关系矛盾突出的直接表现。处于喀斯特高原盆地区的红枫研究区，相对来说自然条件较好，人口规模及用地规模方面的矛盾稍缓和。各研究区的耕地和居民点分布的空间情况如图 4.11 所示（浅色代表耕地，深色代表居民点）。

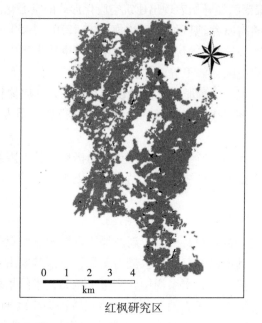

红枫研究区

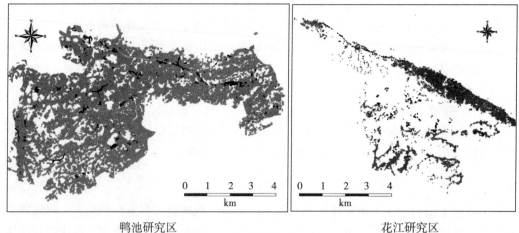

鸭池研究区　　　　　　　　　　　　　　　　花江研究区

图 4.11　三个研究区耕地—聚落分布

可见，耕地是自然条件优劣的直接反映，作为人类活动的产物，它和经济发展息息相关。在农村，耕地和住宅的距离决定了劳作半径，影响着人类的择居行为。而在喀斯特高原山地地区，由于地形破碎，生态环境脆弱，耕地的分布更为分散和复杂。

4.4.1.4 交通

在村村通公路的政策下，三个研究区的各个村基本上都有进村公路。红枫研究区公路里程总计约 51.22 km，花江研究区约 57.95 km，鸭池研究区约 53.65 km，可见地形越复杂，公路的里程越长，也表明喀斯特山区的交通可达性规律依旧是盆地 > 山地 > 峡谷。在实际调研过程中发现，红枫研究区的村级公路路面较好，一般为水泥路面，坡度平缓，弯度不大。鸭池研究区的村级公路稍差，有的仍旧是碎石和泥土路面，遇雨天路况就很不好。花江研究区最差，除经过擦耳岩村、三家寨村、五里村的干线公路 210 省道外，其余的进村公路大部分都为碎石或泥土路面，路面狭窄崎岖，坡陡弯急，有的村如孔落菁、水淹坝等地居民点分散，很多村寨甚至无可行车公路通达，交通非常不便。

4.4.2 水平方向上的分布规律

4.4.2.1 分布聚集情况

（1）关联维数。首先使用关联维数（Benguigui L et al.，2000；伍世代、王强，2007；汤放华 等，2008）分析三个研究区行政村级聚落在空间位置上是否具有相关性，其公式为（Benguigui L et al.，2000；伍世代、王强，2007；汤放华 等，2008）：

$$C(r) = \frac{1}{N^2} \sum_{i=1}^{n} \sum_{j=1}^{n} H(r - |x_i - x_j|) 。 \tag{4.2}$$

式中：r 为码尺（Yardstick）；N 为区域内行政村的数目；x_i，x_j 分别为 i，j 两村之间的直线距离（欧式距离）；H 为 Heaviside 函数，具有以下性质：

$$H(x) = \begin{vmatrix} 1, & x > 0 \\ 0, & x \leqslant 0 \end{vmatrix}° \tag{4.3}$$

如果聚落的空间分布具有分形特征，那么根据分维定义则有（Benguigui L et al.，2000；伍世代、王强，2007；汤放华 等，2008）：

$$C(r) \propto r^D 。 \tag{4.4}$$

分维值 D 反映聚落之间空间相互作用的规律性：$0 \leqslant D \leqslant 2$，值越小说明空间分布的集中度越高，空间联系更紧密，空间作用愈强；值越大则空间分布越分散，空间相互作用愈弱。有两种特殊情况：当 $D \to 0$ 时，表示空间分布高度集中于一地；当 $D \to 1$ 时，表示空间分布集中于某一条地理线；当 $D \to 2$ 时，表示空间分布非常均匀，以任何点为中心，其余各点分布的密度都相同。

一般而言，分维 D 可以按照式（4.5）估计数值（Benguigui L et al.，2000；Tannier C，Pumain D F，2005；伍世代、王强，2007；汤放华 等，2008）：

$$\ln N = aD\ln r + b 。 \tag{4.5}$$

式中：a 是形状因子，是局部偏离的综合指标。理论上 a 取值为 1，如果 $a \leqslant 0.1$ 或 $a \geqslant$ 10，则不具有分形性质。

通常情况下可以使用线性回归获取最佳拟合曲线，以得到分形维数 D，拟合度通过相关系数来判断，相关系数越接近 1，表明拟合曲线与理论曲线越能很好地吻合，即研究对象具有分形性质（Tannier C，Pumain D F，2005）。

首先仍然通过 ArcGIS 9.2 测得各研究区中各村之间的直线距离，得出距离矩阵，然后计算出 $C(r)$ 值，取码尺步长 $\Delta r = 5$ km 来改变 r 得出一系列 $C(r)$ 值，绘成 r，$C(r)$ 点对系列的双对数坐标图，采用最小二乘法就可得到关联维数 D 的值。

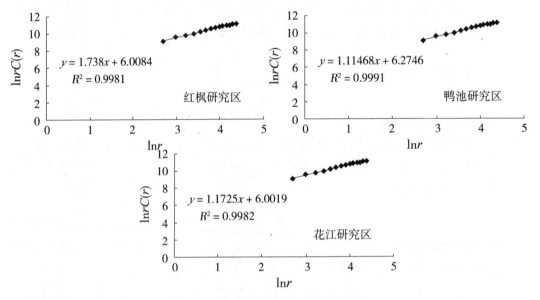

图 4.12　三个研究区聚落分布关联维数

分析结果如图 4.12 所示：由线性回归方法进行模拟，得到花江研究区 $R^2 =$ 0.9982，关联维数 $D = 1.1725$；鸭池研究区 $R^2 = 0.9991$，关联维数 $D = 1.1146$；红枫研究区 $R^2 = 0.9981$，关联维数 $D = 1.1738$。三个研究区的关联维数 D 都大于 1，表明三个研究区的聚落分布较为分散，或只具有一定的相关性，且这种相关性未体现集聚性。

实际上，喀斯特高原山区的交通有着巨大的差距，在这三个研究区中盆地的交通情况要优于山地，山地要优于谷地。研究中如量取同样长度的公路交通距离进行对比分析可明显看出，三个研究区经过这一交通长度的时间花费差异非常显著；如将欧式距离改为实际交通距离进行计算，则会严重影响聚落的空间分析结果的客观性。因此，本研究中未分析交通距离矩阵下的关联维数。

可见，如果以关联维数来分析喀斯特地区的聚落空间分布情况，得出的喀斯特地区的聚落空间分布集聚情况较模糊。下一步将以上述研究的住宅密度和人口密度为基础，进一步用聚集维数来分析。

（2）聚集维数。

1）聚落人口重心与聚落住宅建筑重心。区域重心的分析方法源于力学，即如果把区域社会经济现象的分布形象地理解为地图上具有确定的点值和位置的散点群，则在平面上全部力矩达到平衡的支点就是区域重心。

人口重心概念由美国学者沃尔克（F. Walker）于1874年（廉晓梅，2007）首先使用，可提供某地区人口分布的简明、概括而又准确的印象，并可表明地区人口分布的总趋势或中心区位。其计算完全仿照重力的分解与合成法则进行。

假设某地区包含 i 个次区，各次区人口数为 P_i，地理坐标（经度、纬度）为（X_i，Y_i）。该地区人口重心的地理坐标（X，Y）计算公式为（秦振霞等，2009）：

$$X = \frac{\sum P_i X_i}{\sum P_i}, \quad Y = \frac{\sum P_i Y_i}{\sum P_i}。 \tag{4.6}$$

研究住宅建筑重心时，也可在上述区域重心和人口重心计算的基础上，将 P_i 看做该地区各次区的居民点建筑面积。本书则通过提取土地利用数据中的居民点数据，使用Arc-GIS的空间统计分析功能，直接找到居民点这一土地利用类型的重心。

在实际进行计算时，次区地理坐标可选用三种不同的值：①次区平面图形的几何中心；②次区行政首府或中心城镇的坐标；③根据更低一级次区人口分布状况计算得到次区人口重心坐标。本书选取村级行政机构所在地坐标为村级次区地理坐标（许月卿、李双成，2002）。

首先利用ArcGIS的空间坐标分析功能，输出各村行政中心坐标后生成坐标数据库，然后在人口统计数据库和土地面积统计数据库基础上，采用公式（4.6）计算结果，再利用ArcGIS在三个研究区中标注人口重心和住宅建筑重心，得出三个研究区的人口重心和住宅建筑重心（图4.13）。结果表明：

红枫研究区的人口重心位于簸箩村王家寨组北部，东经106°20′45″，北纬26°31′41″；住宅建筑重心位于王家寨组东部，东经106°21′12″，北纬26°31′4″。

鸭池研究区的人口重心位于哈浪冲村苗寨组北部，东经105°21′39″，北纬27°15′22″；住宅建筑重心位于二堡村东部靠近哈浪冲村，东经105°21′29″，北纬27°15′38″。

花江研究区的人口重心位于擦耳岩村大石板组东部，东经105°39′33″，北纬25°40′7″；住宅建筑重心位于擦耳岩村大石板组东南部，东经105°39′42″，北纬25°39′49″。

2）聚集维数。

聚集维数是从一点相关出发，描述系统要素围绕核心聚集的形态（王良健 等，2005）。聚集维数借助回转半径测算（许志晖 等，2007）。假设研究区内各村点按照某

图4.13　三个研究区人口重心和住宅建筑重心

种自相似规则围绕中心点聚集分布，且分布的分形体是各向均匀变化的，则可借助几何测度关系确定半径为 r 的圆周内各村点数目 $N(r)$ 与相应半径的关系，即有：

$$N(r) \propto r^{D_f} 。 \tag{4.7}$$

式中：D_f 即聚集维数。这个假设表明可以利用回转半径法测算研究区内各村点空间聚集的分维数。

　　考虑到半径 r 的单位取值影响分维的数值，故将其转化为平均半径。定义平均半径为（刘继生、陈彦光，1999）：

$$R_S \equiv \langle (\frac{1}{S} \sum_{i=1}^{S} r_i^2)^{\frac{1}{2}} \rangle 。 \tag{4.8}$$

式中：R_s 为平均半径；r_i 为第 i 个村到中心点的欧氏距离；S 为村个数；〈…〉表示平均。则一般有分维关系（陈涛，1999）：

$$S \propto R_s D_f \text{。} \tag{4.9}$$

如果 $D_f < 2$，表明区域空间分布在密度上从中心向外围衰减，即具有集聚性；如果 $D_f = 2$，表明区域空间分布在半径方向趋于一个方向；如果 $D_f > 2$，表明区域空间分布在密度上从中心向外围增加，即具有分散性。

3）结果分析。先利用 ArcGIS 测量出三个研究区的各行政村村委会所在地到人口重心和住宅建筑重心的距离 r_i，再转化为平均半径 R_s，由于改变 r_i 对应得到 R_s 值，则得到一系列 S 值，将（S，R_s）绘成双对数坐标图，通过最小二乘法求出分维值 D。各研究区以人口重心为中心的聚集维数如图 4.14 所示。

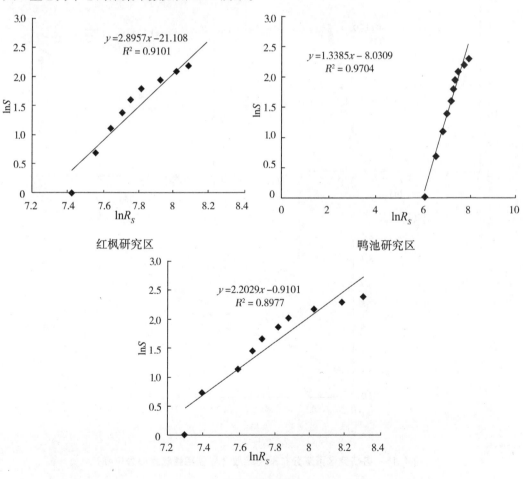

图 4.14　三个研究区聚落分布聚集维数（以人口重心为中心）

由图 4.14 可看出，如以人口重心为中心，则鸭池研究区 R^2 为 0.9704，表明鸭池研究区聚落具有分形的特性，其聚集维数为 1.3385，小于 2，说明聚落分布密度从人口重心这一中心向外围衰减，具有集聚性；红枫研究区 R^2 为 0.9101，表明其分形特性较鸭池研究区小，或称红枫研究区具有随机聚集分形的特性，其聚集维数为 2.8957，说明聚落分布密度从人口重心向外围增加，不具有集聚性；花江研究区 R^2 为 0.8997，聚集维数为 2.2029，表明其聚落分布处于更为随机集聚的状态，整体相对其他两个研究区来说更为分散。从图形的点轨迹尾端来看，花江研究区比鸭池研究区和红枫研究区偏离回归直线的速度快，表明花江研究区各聚落从人口重心向四周的分布更为分散和随机。

各研究区以住宅建筑重心为中心的聚集维数如图 4.15 所示。

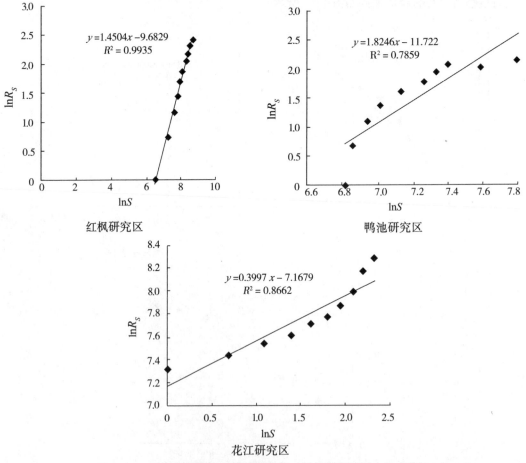

图 4.15　各研究区聚落分布聚集维数（以住宅建筑重心为中心）

由图 4.15 可看出，如以住宅建筑重心为中心，则红枫研究区 R^2 为 0.9935，表明聚落具有分形特征，其聚集维数为 1.4504，聚落的空间分布密度从住宅建筑重心向外围衰减；鸭池研究区 R^2 为 0.7895，聚集维数为 1.8426，聚落只有部分分形或随机分形；花江研究区 R^2 为 0.8662，聚集维数为 0.3997，表明聚落分布较为分散。相对来说，红枫研究区聚落的空间集聚性较强，回归方程检验显著，可见各聚落围绕居民点重心所在地的王家寨组有一定的集聚性，这与喀斯特高原盆地聚落的分布空间集聚性的实地调研事实相对应，也从一个侧面说明喀斯特高原盆地是喀斯特地区主要的聚居地。从图形的点轨迹尾端来看，花江研究区比鸭池研究区和红枫研究区偏离回归直线的速度快，表明花江研究区各聚落从住宅建筑重心向四周分布更为分散和随机。

综上可见，如以人口重心为中心，则鸭池研究区呈现聚落集聚的状态；如以住宅建筑重心为重心，则红枫研究区呈现聚落集聚的状态。无论是以人口重心还是住宅建筑重心作为集聚中心分析，花江研究区都无法表现聚落向这两个中心的集聚情况，可见其聚落的分布非常分散。鸭池研究区是三个研究区中人口最多的地区，人口密集，与居住用地之间的矛盾突出，因此聚落向人口重心集聚的情况与客观事实是相符的；红枫研究区是三个研究区中喀斯特平地面积最大和最多的地区，聚落向居民点的中心——住宅建筑重心集聚也是与事实相符合的。

可见，基于聚集维数在一定程度上分析出了聚落是否集聚的情况，但具体如何集聚，其他聚落的分布又是何种规律，还需要进一步深入分析。

4.4.2.2　区域聚落集聚与空间差异——基于 Moran I 和 Local Moran's I 系数的聚落水平分布进一步分析

前述的关联维数、聚集维数的方法使用了平面上的点距离计算，在一定程度上大致能体现研究区主体聚落特别是村级聚落的空间分布规律，但忽视了其他分散的聚落。另外，人口是聚落的一个重要因素，人口分布规律也是聚落分布规律的一个体现。因此，鉴于聚落在空间分析上的特殊性和复杂性，本书借助空间数据探索性分析方法来探讨（Cliff A D，Ord J K，1973；Anselin Luc，Arthur Getis，1992；Getic A，Ord J K，1992；Anselin L，1995；Daniel A，Griffith，1999），进一步对各研究区区域内部聚落的集聚情况和聚落分布空间相关性进行分析。

普通的相关分析借助数理统计即可实现，空间相关分析则必须将需分析要素的空间联系表达出来。空间自相关是其中的一个角度，自相关的空间结构可以通过结构函数来描述，普遍使用的结构函数是自相关图、方差图和周期图，可使用地统计学相关地理软件实现。选取的自相关分析方法主要是计算单变量数据的 Moran's I 和 Local Moran's I（Moran P A，1950；Anselin L，1995；Sawada M，2006）。

（1）原理与方法。

1）Moran's I。Moran's I 的定义如下（Moran P A，1950；Anselin L，1995；Sawada

M，2006）：

$$I(d) = \sum_{i=1}^{n} \sum_{j=1}^{n} W_{ij}(x_i - \overline{x})(x_j - \overline{x}) \Big/ S^2 \sum_{i=1}^{n} \sum_{j=1}^{n} W_{ij}, \qquad (4.10)$$

$$S^2 = \frac{1}{n} \sum_{i=1}^{n} (x_i - \overline{x})^2, \qquad \overline{x} = \frac{1}{n} \sum_{i=1}^{n} x_i, \qquad (4.11)$$

$$Z(d) = \frac{I(d) - E(I)}{\sqrt{VAR(I)}} \circ \qquad (4.12)$$

式（4.10）、（4.12）中：$I(d)$ 为在选定距离 d 的情况下的 Moran's I；n 为观测点个数；x_i，x_j 为观测值；$\overline{x}$ 为平均值；S^2 为方差；W_{ij} 为观测值 x_i，$x_j(i, j = 1, 2, \cdots, n)$ 空间距离矩阵，所使用的空间连接矩阵为邻接矩阵，即以 1 和 0 表示 i 与 j 的相邻关系，1 表示 i 与 j 相邻，0 表示不相邻，定义 $W_{ij} = 0$，依此得到一个 N 维的矩阵 $W(n, n)$。

式（4.12）中：$Z(d)$ 为检验值，用来检验在一定置信度区间内所得结果的可信度；$E(I)$ 为期望值；$VAR(I)$ 为变异系数（理论方差）；$I(d)$ 的结果介于 $-1 \sim 1$ 之间，大于 0 为正相关，小于 0 为负相关。$I(d)$ 的绝对值越大，表示空间分布的关联性越大，即空间上有强聚集性或强相异性；反之，绝对值越小表示空间分布关联性小；当 $I(d)$ 趋于 0 时，则代表此时空间分布呈随机性。

2）Local Moran's I。Local Moran's I 是表示局域空间自相关的指数，除度量区域内空间关联的程度外，还能找出空间聚集点或子区域的所在。Local Moran's I 即 Moran's I 在空间上的分解，在各种论文和 geoda 软件中被称为 LISA（Local Indicators of Spatial Association），其计算公式为（Moran P A，1950；Anselin L，1995）：

$$I_i(d) = \frac{x_i - \overline{x}}{S} \sum_{j=1}^{n} W_{ij}(x_j - \overline{x}) \circ \qquad (4.13)$$

式中各项的表示及检验同前所述。

3）Moran 散点图。Moran 散点图用于研究局部的空间不稳定性，共四个象限，分别对应于区域单元与其相邻单元之间四种类型的局部空间联系形式：第一象限代表高观测值的区域单元被同是高值的区域所包围的空间联系形式，即高—高；第二象限代表低观测值的区域单元被高值的区域所包围的空间联系形式，即低—高；第三象限代表低观测值的区域单元被同是低值的区域所包围的空间联系形式，即低—低；第四象限代表高观测值的区域单元被低值的区域所包围的空间联系形式，即高—低。

（2）人口空间分布。空间自相关的计算过程比较复杂繁琐，利用 Anselin 设计的软件 GeoDA（Anselin Luc，Arthur Getis，1992；Anselin L，1995；Anselin L et al.，2006；Montesinos I et al.，2008），选取人口密度指标进行计算分析。

分析指示，在红枫和花江两个研究区中，人口规模的空间自相关系数 Moran's I 值均无法通过 Z 检验（$p \leqslant 0.05$），表明空间自相关特性不显著，即居民点的分布处于分散的状态。

　　鸭池研究区的 Moran's I 为 0.161，可通过 Z 检验 ($p \leqslant 0.05$)，表明鸭池研究区的聚落人口空间分布具有正相关关系，也即具有一定的空间集聚性，这与上文提到的用集聚维数的方法分析得出其聚落向人口重心集聚的结果非常吻合。从图 4.16 可看出，鸭池研究区有两个聚落位于第一象限，两个聚落位于第二象限，五个聚落位于第三象限，一个聚落位于第四象限。再计算其 Local Moran's I，可明显看出只有位于第三象限的五个聚落可通过 Z 检验 ($p \leqslant 0.05$)，其余三个象限的五个聚落均不能通过，证明鸭池研究区只有五个聚落的人口在空间上具有相关性，这五个聚落分别为头部桥、营脚、鸭池、甘堰塘、石桥。

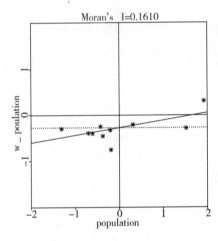

图 4.16　鸭池研究区聚落人口空间分布 Moran 散点图

　　同样计算其他两个研究区的 Local Moran's I。就红枫研究区而言，通过 Z 检验 ($p \leqslant 0.05$) 的村只有竹山村，算出 Local Moran's I 为 −0.1855，表明其空间自相关特性不大显著，意即人口空间分布也较分散，但相对其他聚落较为集中。花江研究区只有三家寨村通过 Z 检验 ($p \leqslant 0.05$)，Local Moran's I 为 −0.3846，其空间自相关特性不显著。

　　(3) 居民点面积的 Moran's I。将居民点面积作为分析指标进行计算，三个研究区的 Moran's I 分别为：红枫研究区 −0.0424，鸭池研究区 0.0184，花江研究区 0.0864，三个值均不能通过 Z 检验 ($p \leqslant 0.05$)，说明三个研究区聚落之间的空间关联性不强，聚落分布分散。

　　通过 Moran's I 分析得到的鸭池研究区和花江研究区聚落分布分散的结果和上述关联维数、聚集维数分析的结果一致，但红枫研究区的结果有差别，可见喀斯特地区由于地貌类型多样，地形破碎和复杂，聚落分布空间集聚性不强的事实是容易用不同分析方法得出的。对于喀斯特高原盆地区来说，地势较为平坦，条件相对其他喀斯特地貌区较好，但整体情况又差于非喀斯特地区和平原区，由于这种临界性和模糊性存在，导致分析结果有差异。

于是再计算 Local Moran's I，输出的 Local Moran's I 散点图如图 4.17 所示。可见由于居民点斑块数量多，Local Moran's I 的象限分布不容易判别，于是将 GeoDA 软件生成的 LISA cluster 图叠加基础信息数据进行分析，可以看出（均能通过 Z 检验（$p \leqslant 0.05$）的区域）。

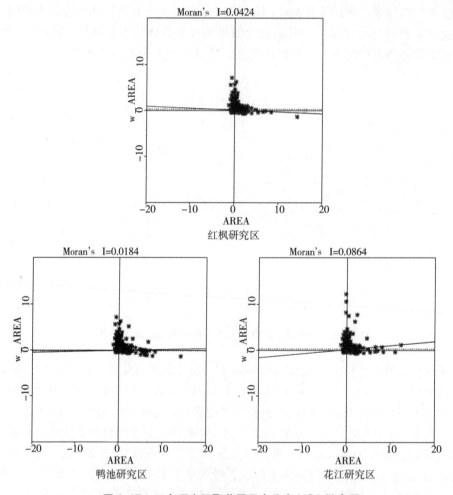

图 4.17 三个研究区聚落居民点分布 LISA 散点图

红枫研究区呈空间相关的居民点较多，大体情况为：部分位于低—高象限的有毛家寨村的里五上、里五下、后寨等三个组，落海村的背龙坡1、2组，骆家桥村的羊昌组，芦荻村芦荻组西部，簸箕村部分；部分位于高—高象限的有簸箕村王家寨组，白岩村白岩组。结果表明，红枫研究区在毛家寨村、落海村、簸箕村、白岩村、骆家桥村、芦荻村的居民点分布表现出一定的空间分布规律，其中毛家寨村的里五上、里五下、后寨等三个组，落海村的背龙坡1、2组，骆家桥村羊昌组西部和芦荻村芦荻组西部的居民点密度低于周围，而簸箕村王家寨组、白岩村白岩组是居民点高密度地区。

鸭池研究区部分位于低—高象限的有头步桥村的新店子组，营脚村的火烧寨组南部，哈浪冲村的马家院子组，石格村的杨贵冲、中寨组，这几个地方的居民点密度均低于周围；部分位于高—高象限的有营脚村的下寨组，王家湾子村的半坡组，鸭池村的鸭池组，梨树村的梨树坪组东部，哈浪冲村的陈家大院、邱家大院组，这几个地方的居民点密度都较高；部分图斑显示粉红色，即部分位于高—低象限的有梨树村的梨树坪组西部，此处的居民点密度高于四周。

花江研究区部分位于高—高象限的有坝山村新寨组，其余地方则分布非常不显著。

4.4.3 垂直方向上的分布规律

本部分运用 Arcview、ArcGIS 并结合 ERDAS 相关软件和分析方法，通过土地利用数据和等高线数据的空间数据转换和叠置等技术，得到各高程、坡度和坡向上的土地利用数据。

4.4.3.1 基于 DEM 的高程、坡度和坡向分级

通过 DEM 可快速、简便地提取高质量海拔、坡度和坡向信息等各种地形因子，对于 DEM 的高程、坡度和坡向分级要根据研究地区的实际情况，既要体现地形特征，又要符合自然规律。贵州省平均海拔为 1100 m，红枫研究区为 1210～1450 m，鸭池研究区为 1310～1770 m，花江研究区为 450～1410 m，以 40 m 为间隔，研究各高程段的居民点分布面积，得到垂直方向上的居民点分布规律。

坡度上，根据喀斯特地区的地形、地貌特征、岩性特征将地面坡度分为 7 个等级（表 4.4）。

表 4.4　喀斯特地区坡度分级

名称	平坡	平缓坡	缓坡	较缓坡	陡坡	较陡坡	极陡坡
坡度	0°～6°	6°～15°	15°～25°	25°～35°	35°～45°	45°～60°	>60°
分布及特征	主要为河流阶地及盆地（坝子）区域，是基本农田分布区，农业机械化耕作最适宜	主要为台地、剥夷面，15°是基本农田及农业机械使用的界线	主要为丘状高原面，25°是农耕地的合理上限，也是一般需要修筑梯田的坡度界线	主要为丘陵低山区，宜林地，松散土层堆积的稳定角度为35°以下	以中山区为主，也有强切割的低山区，宜林区，有一定程度水土流失	以高山区为主，水土流失较重，多石山	常见陡崖，多基岩裸露

资料来源：刘福昌，1996。

坡向划分方案为直接使用 ArcGIS 或 Arcview 中自带方案，如表 4.5 所示。

表 4.5　喀斯特地区坡向分级表

名称	无坡向	北坡	东北坡	东坡	东南坡	南坡	西南坡	西坡	西北坡
坡向范围	—	0°~22.5°	22.5°~67.5°	67.5°~112.5°	112.5°~157.5°	157.5°~202.5°	202.5°~247.5°	247.5°~292.5°	292.5°~337.5°

4.4.3.2　结果分析

（1）居民点依高程分布规律。分析结果指示（表 4.6），红枫研究区居民点在海拔 1250~1290 m 这一范围内分布最多，达总面积的 63%。1210~1290 m 这一低海拔范围是居民点集中分布区域，竟占总面积的 84%。随着海拔的增加，聚落的分布越来越少。

鸭池研究区居民点在海拔较低和较高地区都没有分布，充分体现了山地居民点分布的特点。从表 4.7 可看出，从海拔 1400 m 左右才开始有居民点分布，而 1430~1470 m 这一范围内分布最多，达总面积的 47%。1430~1510 m 这一范围是居民点的主要分布区域，占总面积的 80%。之后随着海拔的增加，聚落的分布越来越少，到 1600 m 左右就无居民点分布。

由于高原峡谷的地形特点，花江研究区居民点在海拔较低地带即靠近北盘江峡谷区域基本无居民点分布，从海拔 550 m 开始才逐渐出现居民点，并随着海拔的增加，居民点分布逐渐增多。从表 4.8 可看出，到 690~730 m 这一范围，居民点面积最大，但只占总面积的 25%。之后随着海拔的增加，聚落的分布越来越少。在 810~850 m 又出现一个高集中分布的区域，居民点面积占总面积的 24%。之后又开始减少，到 900 m 以上无居民点分布。

表 4.6　红枫研究区居民点面积在各高程的分布情况

高程/m	1210~1250	1250~1290	1290~1330	1330~1370	1370~1410	1410~1450
占总面积百分比/%	21.27	62.83	9.99	4.87	1.03	0.00

表 4.7　鸭池研究区居民点面积在各高程的分布情况

高程/m	1310~1350	1350~1390	1390~1430	1430~1470	1470~1510	1510~1550
占总面积百分比/%	0.00	0.10	4.86	47.21	32.77	10.11
高程/m	1550~1590	1590~1630	1630~1670	1670~1710	1710~1750	1750~1770
占总面积百分比/%	3.10	1.57	0.27	0.00	0.00	0.00

表 4.8　花江研究区居民点面积在各高程的分布情况

高程/m	450~490	490~530	530~570	570~610	610~650	650~690	690~730	730~770
占总面积百分比/%	0.00	0.00	0.28	2.36	7.33	10.27	24.77	12.51
高程/m	770~810	810~850	850~890	890~930	930~970	970~1010	1010~1050	1050~1090
占总面积百分比/%	7.71	23.71	9.64	1.41	0.00	0.00	0.00	0.00
高程/m	1090~1130	1130~1170	1170~1210	1210~1250	1250~1290	1290~1330	1330~1370	1370~1410
占总面积百分比/%	0.00	0.00	0.00	0.00	0.00	0.00	0.00	0.00

（2）居民点依坡度分布规律。表 4.9 列出了各研究区居民点随着地形坡度分布的变化。在红枫研究区，居民点主要分布在平坡地带，占一半以上，平缓坡和平坡地形分布的居民点面积超过 81%，坡度较低的缓坡以下（即<25°）占 94% 以上。可见红枫研究区聚落大都分布在平缓地带，且随着坡度的增加，聚落分布越来越少。

鸭池研究区居民点也主要分布在平坡地带，占了一半，平缓坡和平坡地形分布的居民点面积超过 78%，而坡度较低的缓坡以下占 91% 左右。可见鸭池研究区聚落大都分布在平缓地带，且随着坡度的增加，聚落分布越来越少。

表 4.9　三个研究区居民点面积在各坡度上的分布情况

单位:%

名称	平坡	平缓坡	缓坡	较缓坡	陡坡	较陡坡	极陡坡
红枫研究区	55.54	25.90	12.90	2.48	1.44	1.10	0.63
鸭池研究区	50.68	27.66	13.43	6.14	1.83	0.23	0.02
花江研究区	2.93	41.83	46.51	5.09	3.32	0.26	0.00

花江研究区由于地形起伏较大，平坡面积少，因此居民点主要分布在缓坡地带，占46.51%，坡度较低的缓坡以下占 91% 左右，且随着坡度的增加，聚落分布越来越少。

（3）各坡向上的居民点分布规律。从表 4.10 可看出，红枫研究区居民点以分布在无坡向地区（即平坦地区和负地貌地区）为主，这些地区通常为喀斯特盆地和洼地。对于分布在一定平缓坡度地区的居民点，又以分布在东坡、东南坡为主，可见位于北半球、亚热带、东南季风气候带等自然地理位置的因素在高原盆地居民点的分布上起着一定作用。同时，其他坡向的数据也说明，由于喀斯特地区地表地貌复杂，二元结构突出，拥有正负地貌及组合地貌的特殊区域自然环境导致地方性小环境各异，因此居民点的分布情况较为复杂。

表 4.10　三个研究区居民点面积在各坡向上的分布情况

单位:%

名称	无坡向	北坡	东北坡	东坡	东南坡	南坡	西南坡	西坡	西北坡
红枫研究区	22.26	6.24	8.59	14.38	11.98	8.56	7.70	11.54	8.76
鸭池研究区	20.27	11.73	7.90	5.74	10.06	13.76	11.53	7.76	11.26
花江研究区	1.27	0.40	0.42	4.25	15.23	44.75	31.70	1.13	0.85

鸭池研究区居民点以分布在无坡向地区为主,这些地区通常为喀斯特洼地和谷地。相对于红枫研究区而言,无坡向地区的居民点面积比重要小些。对于分布在一定平缓坡度地区的居民点,各个坡向分布的居民点分布又无规律可循,可见喀斯特高原山地区地表地貌复杂,地方性小环境差异较大,因此居民点的分布情况比高原盆地区更为复杂。

花江研究区分布在平坦地区的居民点非常少,居民点以南坡分布最多,其次为西南坡、东南坡,这是由花江峡谷特殊的地质结构决定的。如图 4.18 可见,在花江峡谷以南,地表喀斯特峰丛洼地、峰丛谷地等地貌越靠近花江峡谷海拔越低,且呈现南坡缓北坡陡的规律。实地调研中也发现,花江峡谷以南地区的北坡陡峭,水土流失严重,不适于居住;在花江峡谷以北,由于大片岩山陡峭林立,居民点主要集中在岩山以南的洼地中,也呈现南坡较多的态势。可见喀斯特高原峡谷区居民点分布随着喀斯特峡谷的地质和地形条件,表现出一定的且不同于其他任何地方的规律。

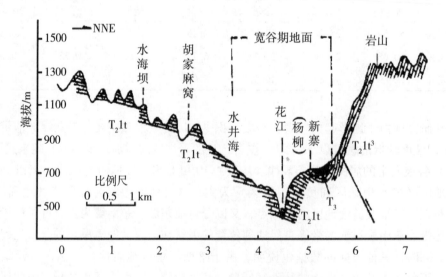

图 4.18　花江峡谷地质剖面

资料来源:李阳兵 等,2004。

综上所述，喀斯特高原盆地区聚落主要分布在海拔较低的平缓地形，特别是平坦地区和负地貌中，即喀斯特盆地、洼地、谷地和台地中，且有随着海拔和坡度的增加而减少的规律。由于喀斯特地方小环境的存在，居民点在坡向上的分布既遵循了东南坡、东坡较多的规律，又因各坡向都有所分布而显得复杂。

喀斯特高原山地区地表地貌以峰丛为特点，因此聚落主要分布在具有一定海拔高度的喀斯特谷地、洼地以及半山平缓处，且随着坡度的增加而减少。这种分布情况比高原盆地区复杂，表现在：①聚落随着海拔和坡度的升高而增加，到一定海拔范围内的平坦地带，聚落分布最多，之后随着海拔的增加聚落越来越少；②各坡向的聚落分布情况无规律可循。

喀斯特高原峡谷区海拔差异大、地形起伏、环境各异，聚落分布的垂直差异特别大，分布情况也较为复杂且特殊。表现在：①随着海拔的增加，在550 m左右开始有聚落分布，并随海拔增加而增多；出现第一个峰值后逐渐减少，然后又开始增加，出现第二个峰值；之后逐渐减少，到900 m左右基本无聚落分布。②由于平坡面积小，居民点集中分布在缓坡，其次为平缓坡，缓坡以上则随着坡度的增加聚落分布越来越少。③各个坡向上的聚落分布情况随着峡谷地形的变化有一定的规律，但喀斯特地方小环境仍然增加了分布的复杂性。

显然，在聚落垂直空间分布规律方面，通过高程、坡度、坡向三个方面的结合分析指示，垂直方向上聚落分布差异的规律是高原峡谷区＞高原山地区＞高原盆地区，与水平分布的内部差异性的规律一致。

将上述结论与第3章中对三个典型地貌区居住总体水平的评价结果结合分析，可以看出，喀斯特地区聚落分布与区域自然地理环境特别是地貌条件有很大的联系，并体现在区域内部聚落分布的差异性上。高原盆地区区域自然地理环境较好，区域地貌差异性较小，居住总体水平最好，因而聚落集聚性强，住宅空间差异和聚落分布空间差异小；高原山地区综合地理环境次之，区域内部地貌差异性稍大，住宅空间差异和聚落空间差异稍大，且人口众多，居住用地趋紧，聚落集聚性强，因此居住条件较差，也导致聚落在发展上空间有限；高原峡谷区自然地理环境最为脆弱，区域地貌差异大，特别体现在垂直差异上，因而以分散型聚落为主，且住宅和聚落分布的空间差异性非常强。

本章小结

本章从规模、密度、形态、分布规律四个方面对喀斯特地区聚落空间结构进行探讨。

在聚落规模方面，通过三个典型地貌区聚落人口规模的频率分布图及频率累积曲线

99

图，以及基于居民点用地比重和景观格局指数分析指示：喀斯特地区聚落人口规模和居民点用地规模分布规律为高原山地区＞高原盆地区＞高原峡谷区，而喀斯特聚落规模差异的分布规律是高原盆地区＞高原山地区＞高原峡谷区。具体表现在：高原山地区人口最多，居民点数量也较多，且个体规模都较大，居住集中，居住用地平均规模最大，由于人口聚集凸显出的居住用地趋紧矛盾比较突出；高原盆地是喀斯特地区的人口集中地，由于复杂的喀斯特高原盆地地形以及湖泊水系对居民点面积的分割，居民点数量最多，但个体规模稍小，分布较为集中但不均匀；高原峡谷区因地形复杂，海拔差异大，使得聚落小而分散，优势聚落不明显，居民点数量最少，总体规模和个体规模都小，居民点非常分散且破碎。

在聚落密度方面，通过统计和绘制人口密度分级图和住宅密度分级图指示：喀斯特高原人口密度和住宅密度的分布规律均为喀斯特高原山地区＞高原盆地区＞高原峡谷区，且在各个典型地貌区内部又存在着明显的差异。

在聚落形态方面，首先根据提取的研究区居民点分布图得出初步判断：喀斯特高原峡谷区聚落规模小，分散型聚落较多；高原盆地区和高原山地区聚落规模较大，半集聚、集聚型聚落较多。根据研究区喀斯特地貌形态下聚落表现出的平面形态进行总结，分析三个研究区聚落的八类平面形态，再利用景观格局指数分研究得出居民点规模越大，居民点形态越复杂的结论。结果表明，聚落集聚程度和聚落形态复杂程度的规律为：喀斯特高原山地区＞盆地区＞峡谷区。

在聚落分布规律方面，首先研究水平方向上的分布规律。关联维数是基于行政村级聚落的空间距离进行的。从关联维数对三个典型地貌区进行聚落集聚性分析指示：聚落均不具有水平空间上的集聚性。进一步通过计算和测量聚落人口重心和住宅建筑重心并进行聚集维数分析，结果表明：如以人口重心为中心，则鸭池研究区呈现聚落集聚的状态；如以住宅建筑重心为重心，则红枫研究区呈现聚落集聚的状态。而花江研究区无论以人口重心还是住宅建筑重心作为集聚中心分析，都无法表现聚落向这两个中心的集聚情况，聚落的分布非常分散。再以 Moran I 和 Local Moran's I 系数作为分析依据，对人口和居民点两个方面进行聚落集聚性和空间差异性的分析指示：鸭池研究区聚落人口空间分布具有正相关性，与用集聚维数的方法分析得出聚落向人口重心集聚的结果非常吻合；其他两个研究区则没有相关性。在居民点空间分布相关性上，红枫研究区呈空间相关的居民点较多，其次为鸭池研究区，最后为花江研究区，表明由于喀斯特地形复杂，各个研究区内部在聚落水平空间分布上均存在一定差异，这种差异性的规律表现为喀斯特高原峡谷区＞山地区＞盆地区。

在聚落垂直空间分布规律方面，通过高程、坡度、坡向三个方面的结合分析指示：喀斯特高原盆地区聚落主要分布在海拔较低的平缓地形，特别是平坦地区和负地貌中，且有随着海拔和坡度的增加而减少的规律，由于高原盆地地形和喀斯特地方小环境双重因素的存在，居民点在坡向上的分布既遵循东坡、东南坡较多的规律又显得复杂；喀斯特高原山地区聚落主要分布在具有一定海拔高度的喀斯特谷地、洼地以及半山平缓处，且随着坡度的增加而减少，各坡向的聚落分布情况无规律可循，分布情况比高原盆地区复杂；喀斯特高原峡谷区则由于海拔差异大、地形起伏、环境各异，聚落分布的垂直差异特别大，各个坡向上的聚落分布情况带有明显的喀斯特峡谷地形特点，分布情况复杂且特殊。这三个典型地貌区聚落垂直分布差异大小的规律为喀斯特高原峡谷区＞山地区＞盆地区。

结合第 3 章住宅空间研究结果分析，可得出三类规律：①住宅总体水平的优劣、聚落的集聚程度以及与集聚程度相应的聚落规模空间差异等与区域居住地理环境背景条件优劣的规律一致，即喀斯特高原盆地区＞高原山地区＞高原峡谷区；②各典型地貌区域内部住宅水平的空间差异、聚落在水平和垂直方向上分布的空间差异与区域自然地理环境的差异性特别是地表地貌及地貌组合的差异性规律一致，即喀斯特高原峡谷区＞高原山地区＞高原盆地区；③聚落的规模、密度大小以及聚落形态复杂程度的规律为喀斯特高原山地区＞高原盆地区＞高原峡谷区，与区域人口发展密切相关。

同时也可得出以下结论：①高原盆地区地势平坦开阔，居住条件最好，住宅总体水平最高，人口适中，聚落在一定程度上集聚并占据条件较好的盆地地区，区域内部差异性小，聚落发展好，是较为适宜人居的地区。②高原山地区综合地理环境次于盆地地区，区域自然地理环境差异性大，居住条件稍差，且住宅总体条件差异、聚落空间分布的内部差异性也较大。同时，虽然该区域自然条件好于高原峡谷区，但由于人口过多，居住用地趋紧导致居住环境问题突出。③高原峡谷区生态环境最为脆弱，高原和峡谷的两大地形特点和众多地表地貌组合形态表明，无论在水平空间层次还是垂直空间层次，这里都是三个典型地貌区中自然环境差异性最大的区域，相应的住宅和聚落空间结构差异性最大，且居住条件受限制，人居环境急需治理和改善。由此可见，一方面，喀斯特地区住宅、聚落的空间格局与区域综合地理环境有密切联系，即自然地理环境越好，自然地理环境差异性越小，住宅和聚落的总体情况越好，人居环境越好；另一方面，社会经济发展特别是人口的因素也是区域住宅和聚落空间格局的影响力量，直接导致住宅空间和聚落空间结构的变异甚至是重构。

第5章 贵州喀斯特地区人居环境空间格局

　　从住宅到聚落，再到人居环境，既是空间的延伸，也是内涵的扩大。在前两章对住宅空间差异、聚落空间结构研究的基础上，本章将进一步进行贵州喀斯特地区人居环境空间格局的研究。

　　从本书选取的三个典型地貌区域来看，人居环境在空间尺度上即研究区的行政区域范围，在内涵上即研究区与居住相关的自然和人文环境。因此，本章首先选取土地——叠加了人类活动的自然综合体，就其根本的社会经济属性——土地利用，以及土地利用的空间表现——土地利用景观空间格局进行分析，以土地利用景观作为人居环境的一个重要方面，并关注石漠化和土壤侵蚀两大影响喀斯特地区居住环境的突出生态问题。其次，基于笔者长期的喀斯特地区成长生活经验和实地的调研，以居住文化作为人居环境研究的另一个方面，以期体现喀斯特地区独特的人居文化环境。最后，通过构建喀斯特宜居指数，对三个研究区人居环境进行总体评价。

　　本章的研究数据主要源自笔者参与的南方喀斯特研究院"喀斯特高原退化生态系统综合整治技术开发"课题研究（2006BAC01A09）提供的2007年研究区1：10000土地利用数据、石漠化数据、土壤侵蚀数据、基础地理信息数据、等高线，涉及29个行政村、217个村民组的人口调查数据，29个行政村的社会经济调查和统计数据，以及笔者2008年暑假及2009年暑假进行的三个典型地貌区野外调研和入户调查，特别是关于居住文化和居住风水的实地考察。

5.1 土地利用空间格局

5.1.1 研究区土地利用结构

　　本书的土地利用分类主要采用过渡时期分类的标准（国土资源部，2002），并根据研究目的稍作调整。三个研究区土地利用结构如表5.1。

表 5.1　三个研究区土地利用结构　　　　单位：km²、%

土地类型	红枫研究区		土地类型	鸭池研究区		土地类型	花江研究区	
	面积	比重		面积	比重		面积	比重
水　田	12.50416	20.69	水　田	1.483255	3.57	水　田	0.972162	1.88
旱　地	19.51066	32.28	旱　地	20.82045	50.15	旱　地	9.880823	19.14
园　地	0.317728	0.53	园　地	0.003699	0.01	园　地	9.188102	17.80
有林地	3.697884	6.12	有林地	5.513974	13.28	有林地	4.859132	9.41
灌木林地	4.438113	7.34	灌木林地	8.513263	20.50	灌木林地	4.990658	9.67
其他林地	7.962598	13.17	其他林地	1.171115	2.82	其他林地	8.177899	15.84
天然草地	2.343446	3.88	天然草地	0.349145	0.84	天然草地	3.549346	6.88
人工草地	1.212332	2.01	坑塘水面	0.126714	0.31	农村居民点	0.353568	0.68
坑塘水面	0.06624	0.11	农村居民点	1.314182	3.16	工矿用地	0.054487	0.11
农村居民点	1.056805	1.75	工矿用地	0.624716	1.50	公　路	0.469439	0.91
工矿用地	0.268857	0.44	公　路	0.57888	1.39	其他草地	4.974713	9.64
公　路	0.62446	1.03	其他草地	0.614455	1.48	裸岩石砾地	3.410983	6.61
其他草地	1.957127	3.24	裸岩石砾地	0.343791	0.83	河　流	0.739813	1.43
裸岩石砾地	0.174045	0.29	河　流	0.065437	0.16			
湖　泊	4.303428	7.12						
合　计	60.43788	100	合　计	41.52307	100	合　计	51.62112	100

资料来源：三个研究区 2007 年 SPOT 5 卫星影像提取的土地利用数据。

　　从表 5.1 中可看出，红枫研究区土地利用类型以农用地为主，所占比例达 86.13%，在农用地中又以旱地最多，水田次之，其中水田的面积远大于其余两个研究区。林地占 26.64%，草地占 5.88%，建设用地占 3.23%。其他未利用土地中裸岩石砾地所占比重在三个研究区中最小。作为调节生态环境的水域，该区的红枫湖被称为贵州高原明珠，其水系所占比例达 7.12%。

　　鸭池研究区土地利用类型以农用地为主，所占比例达 91.17% 之多，是三个研究区中比重最大的。农用地中以旱地最多，达 50.15%，也是三个研究区中规模最大的。林地占 36.6%，是三个研究区中比重最大的，这是自 20 世纪 80 年代以来退耕还林系列工作的成果。建设用地占 6.06%，所占比重在三个研究区中也最大。这一系列数据从另一个方面说明，该区在较大的人口规模下用地非常紧张，人居环境的居住紧张现象较为明显。

花江研究区土地利用类型以农用地为主，所占比例达 80.62%，在农用地中以旱地最多，园地次之，其中园地的面积远大于其余两个研究区，这与该区以花椒为主的经济作物种植密不可分。林地占 34.92%，草地占 6.88%，建设用地占 1.7%。其他未利用土地占 17.68%，是三个研究区中比重最大的，特别是裸岩石砾地，无论是面积还是所占比重在三个研究区中都最大，说明该区生态环境极其脆弱。

图 5.1 至图 5.3 是采用 ArcGIS 导入土地利用数据，绘制并输出的三个研究区土地利用图。与表 5.1 结合分析显示，贵州高原喀斯特地区土地利用合理程度和农业条件优劣程度的规律为高原盆地区 > 山地区 > 峡谷区。

5.1.2　土地利用水平景观格局

表 5.2 列出了三个研究区土地利用景观空间格局指数，各景观格局指数的公式及其生态意义见附表 1。

在土地利用规模结构方面，选取的景观格局指数有各研究区土地利用类型水平及景观水平上的斑块数量（NP）、斑块密度（PD）、斑块平均大小（MPS）、斑块面积方差（PSSD）。结果显示，斑块数量、斑块密度两个指标均以花江研究区最高，红枫研究区居中，鸭池研究区最小。斑块平均大小的情况则相反。其中花江研究区的斑块数远远大于其余两个研究区，数量在前三位的土地利用类型分别是草地、旱地和林地，斑块数都在 3500 个以上，这三者也是三个研究区中斑块密度最大的几类，足以说明花江研究区地形的破碎程度。另外，该研究区斑块平均大小方面较大的是河流和水田，而这两类恰好是该区比重较小的，可见整个研究区地表都较为破碎。鸭池研究区斑块数和斑块密度较大的均为林地、旱地，斑块平均大小则以旱地、公路最大，这与以旱地为主要土地利用类型的喀斯特高原山地区的农业发展条件实际情况相对应。红枫研究区的各类型斑块中数量位居前三位的是疏林、旱地和公路，数量均在 1500～1000 之间。斑块密度较大的也是这三类，平均斑块大小方面，以湖泊最大，其次为工矿用地、裸岩，其中湖泊的斑块平均大小是三个研究区中最大的。斑块面积方差以鸭池研究区最大，红枫研究区次之，花江研究区最小，其中以红枫研究区湖泊的斑块面积方差最高，其次为鸭池研究区的旱地以及花江研究区的园地。

在土地利用形状方面，选取的景观格局指数有类型水平和景观水平上的边缘密度（ED）、景观形状指标（LSI）、面积加权的平均形状指标（AWMSI）、面积加权的平均斑块分形指标（AWMPFD）。结果显示，在边缘密度方面，以花江研究区密度最大，其中密度最大的类型有草地和林地；红枫研究区次之，密度最大的土地类型有水田、旱地；鸭池研究区的密度最小，以旱地和林地最大。景观形状方面，景观形状指标的大小

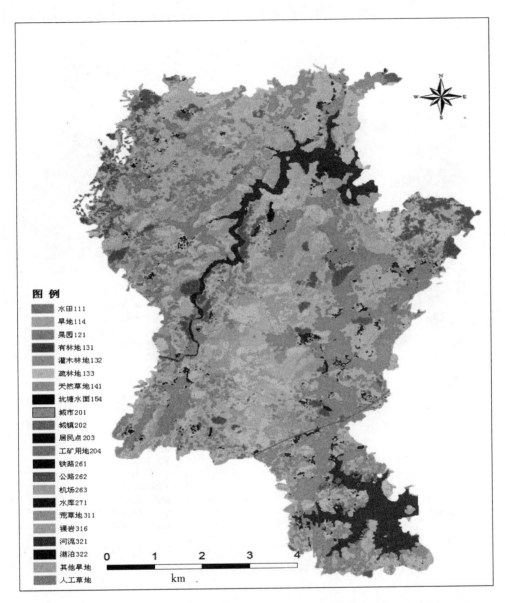

图例

- 水田111
- 旱地114
- 果园121
- 有林地131
- 灌木林地132
- 疏林地133
- 天然草地141
- 坑塘水面154
- 城市201
- 城镇202
- 居民点203
- 工矿用地204
- 铁路261
- 公路262
- 机场263
- 水库271
- 荒草地311
- 裸岩316
- 河流321
- 湖泊322
- 其他旱地
- 人工草地

0   1   2   3   4

km

图5.1　红枫研究区2007年土地利用

依次为花江研究区、红枫研究区、鸭池研究区，其中花江研究区前三位为草地、林地和旱地，鸭池研究区为旱地、灌木林和公路，红枫研究区前三位的是旱地、林地和公路。面积加权的平均形状指标和面积加权的平均斑块分形指标的大小依次为鸭池研究区、红枫研究区、花江研究区。其中，鸭池研究区面积加权的平均形状指标较大的是旱地、公

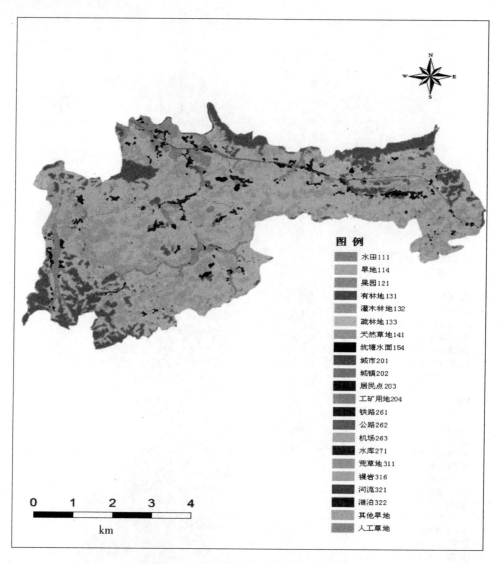

图 5.2 鸭池研究区 2007 年土地利用

路，这两类的指标远大于其他类型；面积加权的平均斑块分形指标以公路、旱地、林地较大。红枫研究区水田、旱地、湖泊三类面积加权的平均形状指标较大，面积加权的平均斑块分形指标以旱地和湖泊较大。花江研究区的面积加权的平均形状指标以园地最大，远大于其他类型；面积加权的平均斑块分形指标以河流和园地较大。

在土地利用空间分布方面，选取景观格局指数有景观水平上的香农多样性指标（SHDI）、香农均匀度指标（SHEI）、散布与并列指标（IJI）、蔓延度指标（CONTAG）、

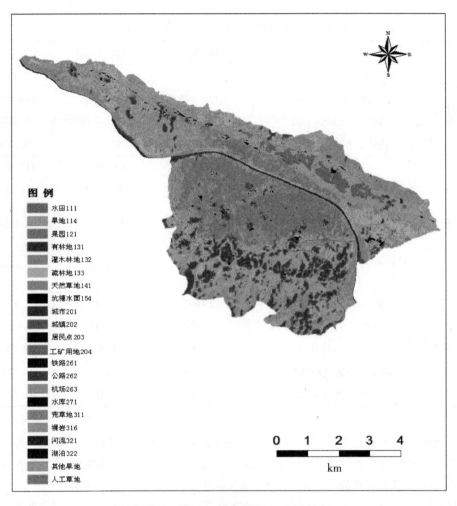

图 例

	水田111
	旱地114
	果园121
	有林地131
	灌木林地132
	疏林地133
	天然草地141
	坑塘水面154
	城市201
	城镇202
	居民点203
	工矿用地204
	铁路261
	公路262
	机场263
	水库271
	荒草地311
	裸岩316
	河流321
	湖泊322
	其他旱地
	人工草地

0 1 2 3 4

km

图 5.3 花江研究区 2007 年土地利用

离散指数（*SPLIT*），其中散布与并列指标、离散指数也可以用于类型水平。结果指示香农多样性指标、香农均匀度指标、散布与并列指标三个指标的大小依次为花江研究区、红枫研究区、鸭池研究区；蔓延度指标则相反；*SPLIT* 以红枫研究区最大，花江研究区次之，鸭池研究区最小。类型水平上能体现空间分布的散布与并列指标在红枫研究区以林地、工矿用地、旱地较大，在鸭池研究区以旱地、工矿用地、河流较大，在花江研究区以公路、居民点、旱地三类较大。在离散指数方面，红枫研究区以湖泊、园地和居民点较大，鸭池研究区以园地、河流、水田较大，花江研究区以居民点、工矿用地、旱地较大。

表5.2 三个研究区土地利用景观空间格局指数

指标类型		红枫研究区	鸭池研究区	花江研究区
规模	斑块数量（NP）	8454	2527	21608
	斑块密度（PD）	139.8759	60.8549	418.5820
	斑块平均大小（MPS）	0.7149	1.6433	0.2389
	斑块面积方差（PSSD）	7.5279	31.679	5.2426
形状	边缘密度（ED）	316.6251	220.8013	517.3812
	景观形状指标（LSI）	64.9196	35.5489	92.9304
	面积加权的平均形状指标（AWMSI）	6.1147	12.9987	8.2924
	面积加权的平均斑块分形指标（AWMPFD）	1.2416	1.2708	1.2513
空间分布	香农多样性指标（SHDI）	2.0817	1.5612	2.3028
	香农均匀度指标（SHEI）	0.7508	0.5916	0.9554
	散布与并列指标（IJJ）	67.9066	54.4927	78.4512
	蔓延度指标（CONTAG）	49.7183	59.6705	36.7874
	离散指数（SPLIT）	75.5673	6.7812	44.7777

上述系列景观格局指数对比分析和研究的结果与前述关于贵州高原喀斯特地区土地利用合理程度和农业条件优劣程度的规律是一致的。由于地貌类型的差异，三个地貌类型区的土地利用空间格局十分复杂，但总体的分布规律清晰可见。具体为：

高原峡谷地貌区由于河流深切，侵蚀基准面下降，土壤干旱，水土流失严重，地表比较破碎，草地、林地、旱地和园地这些比重大的景观都显得比较破碎，分布也比较复杂，这种情况对农业发展非常不利。因此，花江研究区也成为三个研究区中农业条件和居住自然条件较差的地区。

高原山地区地貌处于上升阶段，地表和地下岩溶地貌广泛发育，地形相对高原峡谷区平缓，在各种景观格局指数上显得该区似乎是三区中破碎程度较低的。但仔细分析，林地、旱地等重要的农业用地类型不仅所占比重大，景观方面的斑块数量、密度也大，平均斑块大小却较小，形状最复杂。这种状况是高原山地区绵延的喀斯特地表地貌错落分布，导致水土条件分布不均的结果。因此，鸭池研究区的土地利用类型的景观格局虽然没有红枫研究区复杂，但农业条件和居住自然条件不一定是最好的。

108

喀斯特高原盆地区由于河流和水网密布，从各种景观格局指数的表征来看似乎景观是相对较破碎的。但仔细分析其中对农业条件和居住自然环境影响较大的土地利用类型景观，不难发现，主要农业用地类型相应的景观格局指标都处于较为合理的层次，表明喀斯特高原盆地区的农业条件和居住自然条件相对优越。在表征景观破碎的指标中，均以湖泊较大，其次为居民点、工矿用地和交通用地等类型，这些类型在景观格局指标中占有一定的地位，也从一个方面证明了红枫研究区城镇化的进程要快些。

5.1.3　土地利用垂直格局分析

以过渡时期土地利用分类的第二级（国土资源部，2002）为本研究土地利用垂直格局分析的分类依据，结合实际情况将需分析的土地类型分为耕地、园地、林地、草地、村镇用地（含居民点和工矿用地两类）、公路用地、未利用地、其他等八种类型。

5.1.3.1　高程

各研究区各类型土地分布随高程的变化如图5.4至图5.6所示。

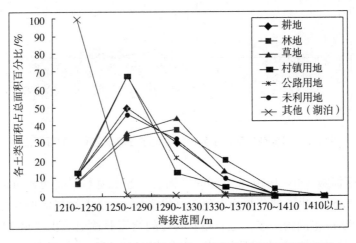

图5.4　红枫研究区各主要土地类型在各海拔范围下的百分比

在红枫研究区海拔1210～1450 m范围的高程上，耕地主要集中分布在海拔1250～1290 m，这个范围的耕地面积占总面积的近50%；村镇用地（含居民点和工矿用地两类）、公路用地、未利用地也集中分布在这一高程范围；林地、草地主要分布在海拔1290～1330 m；其他（红枫研究区主要为湖泊）主要分布在海拔最低的范围内。红枫研究区无园地类型。各土地利用类型随海拔升高而呈现的规律如图5.4所示，除湖泊类外，各土地类型都呈现当在某个海拔范围内分布的面积达到最多后，随着海拔的增高逐渐下降的趋势。

在鸭池研究区海拔 1310~1770 m 范围的高程上，园地、村镇用地、公路用地以及其他用地主要集中分布在海拔 1430~1470 m 范围内，且分布面积超过 50%，这几类用地分布在这一范围内达到高值后，随着海拔的增加分布逐渐减少；耕地和林地分布也以海拔 1430~1470 m 范围内最多，但分布面积仅限于 36% 和 26%，之后随着海拔增高逐渐减少，到 1700 m 左右基本没有分布；草地分布所跨海拔高程范围较广，以海拔 1430~1590 m 范围为主，分布面积超过 94%（图 5.5）。

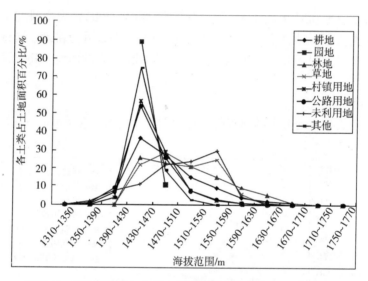

图 5.5　鸭池研究区各主要土地类型在各海拔范围下的百分比

花江研究区海拔 450~1410 m 范围的高程上，各土地利用类型分布跨海拔范围大，分布复杂（图 5.6）。耕地的分布约出现在海拔 530 m，随着海拔的增高分布面积增多，至海拔 650~690 m 范围内最多，之后随着海拔的增高而逐渐减少，至 900 m 左右无分布；园地随着海拔的增高分布面积增多，至海拔 570~610 m 范围内最多，之后随着海拔的增高而逐渐减少，至 850 m 左右无分布；林地随着海拔的增高分布面积逐渐增多，至海拔 770~810 m 范围内最多，之后随着海拔的增高而逐渐减少，至 1170 m 左右无分布；草地随着海拔的增高分布面积逐渐增多，至海拔 730~770 m 范围内最多，之后随着海拔的增高而逐渐减少，至 1090 m 左右无分布；村镇用地从海拔 550 m 开始才逐渐出现，并随着海拔的增加逐渐增多，至 690~730 m 这一范围面积最大，之后随着海拔的增高分布越来越少，在 810~850 m 又出现一个高集中分布的区域，之后开始减少，到 900 m 以上无分布；公路随着海拔的增高分布面积增多，至海拔 570～690 m 范围内开始呈现稳定分布的状态，之后逐渐增加，至 730～770 m 范围时较多，之后随着海拔的增高而逐渐减少，至 1050 m 左右无分布。

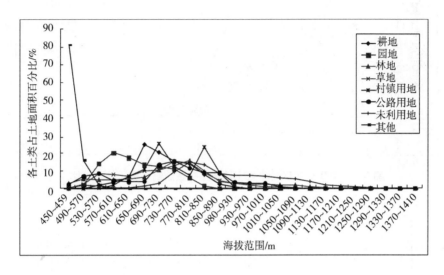

图 5.6　花江研究区各主要土地类型在各海拔范围下的百分比

5.1.3.2　坡度

红枫研究区的耕地、林地、村镇用地、公路用地和未利用土地都主要集中分布在地势平坦的平坡地带，且随着地形坡度的增加，分布面积逐渐减少。草地主要集中在平缓坡地带。湖泊则主要分布在缓坡区域（图 5.7）。

鸭池研究区的耕地、草地、村镇用地、公路用地、其他用地都分布在平坡和平缓坡地区；和红枫研究区不同，鸭池研究区这几类土地在平缓坡的分布要大于在平坡的分布，之后随着坡度的增加，分布逐渐减少。林地则随着坡度的增加分布越来越多，在 25°～35° 的缓坡范围达最多后，呈现随坡度增加而减少的规律（图 5.8）。

花江研究区的园地以缓坡分布稍多，且随着坡度增加而减少。耕地、村镇用地、草地、公路用地、林地主要集中分布在缓坡地带，之后随着坡度的增加，分布逐渐减少（图 5.9）。花江研究区分布在坡度 25° 以上的各土地类型面积比重比其他两个研究区大。

5.1.3.3　坡向

红枫研究区各类型土地分布的面积在无坡向的平坦地带都较多（图 5.10），可见该区地势较为平坦。但在有一定坡度的山地地区，各类土地都表现出杂乱无章的分布态

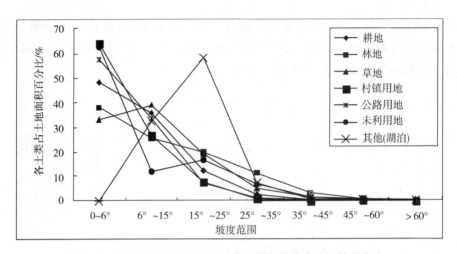

图5.7　红枫研究区各主要土地类型在各坡度范围下的百分比

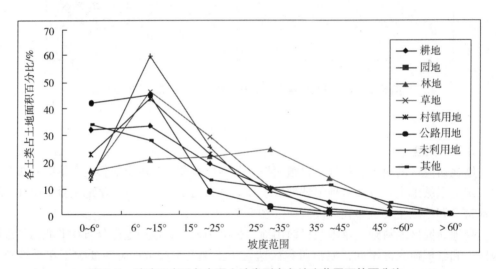

图5.8　鸭池研究区各主要土地类型在各坡度范围下的百分比

势，各类型大致以东南坡和西坡较多。草地则主要集中在东坡、东南坡和南坡，这些地带的草地面积占总面积的48%。村镇用地在西坡和西北坡有一定的增多，这主要是村镇用地类型中西坡和北坡工矿用地所占比重大的缘故。但就居民点用地来说，是以东坡、东南坡和南坡为主。

　　鸭池研究区各类土地的坡向分布较为复杂，在无坡向地区和具一定坡度地区的各个坡向都有分布（图5.11）。可见喀斯特高原山地区地表地貌复杂，地方性小环境差异较大，因此居民点的分布情况比高原盆地区更为复杂。

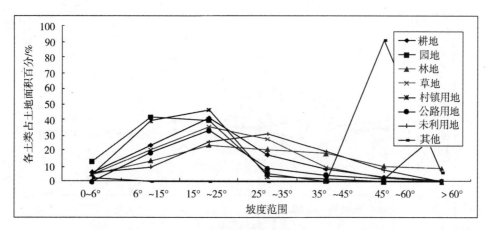

图 5.9　花江研究区各主要土地类型在各坡度范围下的百分比

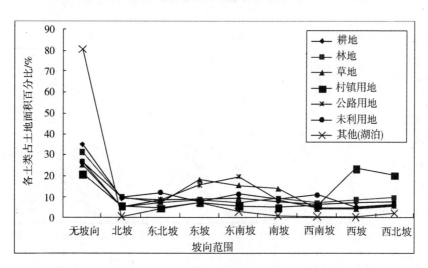

图 5.10　红枫研究区各主要土地类型在各坡向范围下的百分比

　　花江研究区各类土地在平坦的无坡向地区少有分布，在地形坡度起伏地区，坡向分布较为复杂，各类型大致以东南坡和西坡较多（图 5.12）。

　　可见，喀斯特地区的土地利用空间格局十分复杂。首先表现在土地利用的类型结构上，三个典型地貌研究区土地利用类型结构差异明显，土地利用合理程度和农业条件优劣程度的规律为高原盆地区＞山地区＞峡谷区；其次表现在水平空间格局方面，主要的农业用地类型景观格局破碎和复杂程度与地貌的空间特点一致，即高原峡谷区主要农业土地类型景观最为破碎和复杂，高原山地区次之，高原盆地区处于较合理的层次；最后表现在垂直空间格局方面，高程、坡度、坡向上的土地利用类型分布规律分析都表明自

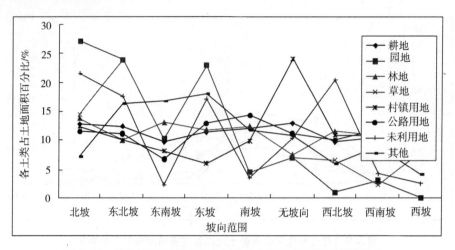

图5.11　鸭池研究区各主要土地类型在各坡向范围下的百分比

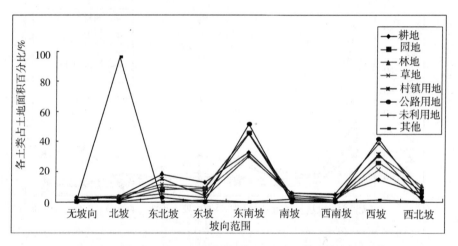

图5.12　花江研究区各主要土地类型在各坡向范围下的百分比

然环境差异大的高原峡谷区土地利用类型垂直分布空间差异最为明显，自然环境差异小的高原盆地区土地利用类型垂直空间分布差异最小。

5.2　威胁喀斯特高原人居环境的两大问题——石漠化和土壤侵蚀

喀斯特地区具有最典型的脆弱环境和复杂的人地生态系统，环境的脆弱性和易伤性，加上不合理的人为活动影响，致使喀斯特生态环境严重恶化，出现了一系列重大生态环境问题，其中最为显著的是生态环境遭破坏后形成的石漠化以及土壤侵蚀。石漠化发生在特定的地域，我国主要分布在西南喀斯特分布地区，其中以贵州最为集中。这一地区由于高原山地的地形以及特殊的石灰岩地质条件，也是土壤侵蚀严重地区。可以说，土壤侵蚀和石漠化具有成因上的因果关系，石漠化是土壤侵蚀长期作用的结果，土壤侵蚀是石漠化某一阶段作用强度的体现（熊康宁 等，2002）。

5.2.1 石漠化现状及空间分布规律

国外学者将石漠化称为 hamada（或 rocky desertification）（兰安军，2003）。喀斯特石漠化是在喀斯特脆弱生态环境下，由于人类不合理的社会经济活动，造成人地矛盾突出、植被破坏、水土流失、岩石逐渐裸露、土地生产力衰退丧失，地表在视觉上呈现类似于荒漠景观的演变过程（熊康宁 等，2002）。贵州省发展和改革委员会联合有关高校和部门开展的贵州省石漠化综合防治规划的系列成果（贵州省发展和改革委员会 等，2007）显示，2006 年贵州省喀斯特分布面积和石漠化面积均处于全国各省区之首。在贵州省喀斯特地区，无石漠化面积为 37460.04 km²，占全省土地面积的 21.26%，占喀斯特面积的 34.34%；潜在石漠化面积 34026.58 km²，分别占 19.31% 和 31.19%；石漠化面积 37597.36 km²，分别占 21.34% 和 34.47%。在贵州省喀斯特地区石漠化面积中，轻度石漠化 22155.76 km²，占全省土地面积的 12.58%，占喀斯特面积的 20.31%；中度石漠化面积 10868.95 km²，分别占 6.17% 和 9.96%；强度石漠化面积 33715.41 km²，分别占 2.11% 和 3.41%；极强度石漠化面积 857.24 km²，分别占 0.49% 和 0.79%（按石漠化六级分级标准，具体如表 5.3、表 5.4）。

表 5.3 纯碳酸盐岩喀斯特区石漠化分级标准

强度等级	基岩裸露/%	土被/%	坡度/°	（植被＋土被）/%	平均土厚/cm	农业利用价值
无明显石漠化	<40	>60	<15	>70	>20	宜水保措施的农用
潜在石漠化	>40	<60	>15	50～70	<20	宜林牧
轻度石漠化	>60	<30	>18	35～50	<15	临界宜林牧
中度石漠化	>70	<20	>22	20～35	<10	难利用地
强度石漠化	>80	<10	>25	10～20	<5	难利用地
极强度石漠化	>90	<5	>30	<10	<3	无利用价值

资料来源：熊康宁 等，2002。

表 5.4　不纯碳酸盐岩喀斯特区石漠化划分标准

强度等级	基岩裸露/%	土被/%	坡度/°（植被+土被）/%	平均土厚/cm	农业利用价值
无明显石漠化	<40	>60	<22	>70	>20	宜水保措施的农用
潜在石漠化	>40	<60	>22	50~70	<20	宜林牧
轻度石漠化	>60	<30	>25	35~50	<15	临界宜林牧
中度石漠化	>70	<20	>30	20~35	<10	难利用地
强度石漠化	—	—	—	—	—	
极强度石漠化	—	—	—	—	—	

资料来源：熊康宁 等，2002。

本研究的石漠化分级也采取上述标准，并根据实际研究中极强度和强度石漠化的界线不够明显的情况，将石漠化等级分为五类，即强度和极强度石漠化合并为一类。

在三个研究区中，喀斯特面积比重最大的是鸭池研究区，达63.47%；最小的是红枫研究区。但石漠化现象以花江研究区最为严重，石漠化面积达该区喀斯特面积的82.03%，其中强度—极强度石漠化所占比重在三个研究区中最高，可以说石漠化是该区最突出的人居环境问题之一。各研究区具体的石漠化分布情况如表5.5所示。

表 5.5　三个研究区的石漠化情况

单位：km²、%

石漠化等级	红枫研究区			鸭池研究区			花江研究区		
	面积	占研究区土地比例	占研究区喀斯特区比例	面积	占研究区土地比例	占研究区喀斯特区比例	面积	占研究区土地比例	占研究区喀斯特区比例
无石漠化	32.69	54.09	56.9	7.33	17.65	27.8	8.16	15.08	17.97
潜在石漠化	10.56	17.47	18.39	9.25	22.29	35.11	9.32	18.05	20.53
轻度石漠化	9.67	16.00	16.83	7.64	18.41	29	15.07	29.19	33.2
中度石漠化	4.38	7.25	7.63	1.68	4.04	6.37	6.58	12.75	14.5
强度—极强度石漠化	0.15	0.25	0.26	0.45	1.09	1.72	6.26	12.13	13.79
非喀斯特	2.99	4.95	—	15.17	36.53	—	6.23	12.08	—
合　计	60.44	100	100	41.52	100	100	51.62	100	100

资料来源：三个研究区2007年SPOT 5卫星影像提取的土地利用和石漠化数据。

各研究区 2007 年石漠化空间分布情况如图 5.13 至图 5.15 所示。

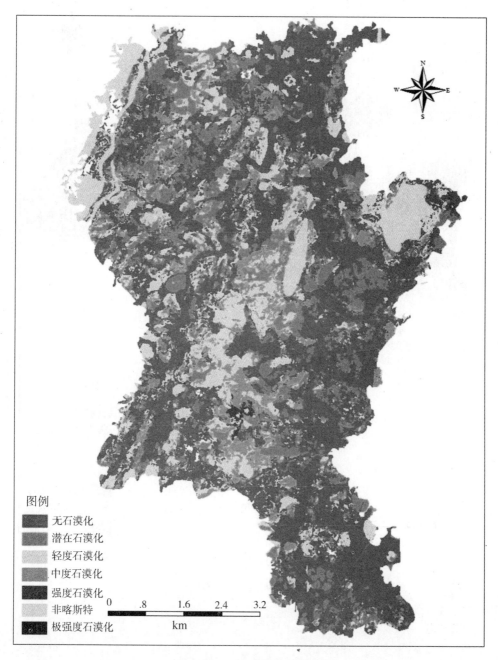

图例
- 无石漠化
- 潜在石漠化
- 轻度石漠化
- 中度石漠化
- 强度石漠化
- 非喀斯特
- 极强度石漠化

0   .8   1.6   2.4   3.2
              km

图 5.13　红枫研究区石漠化

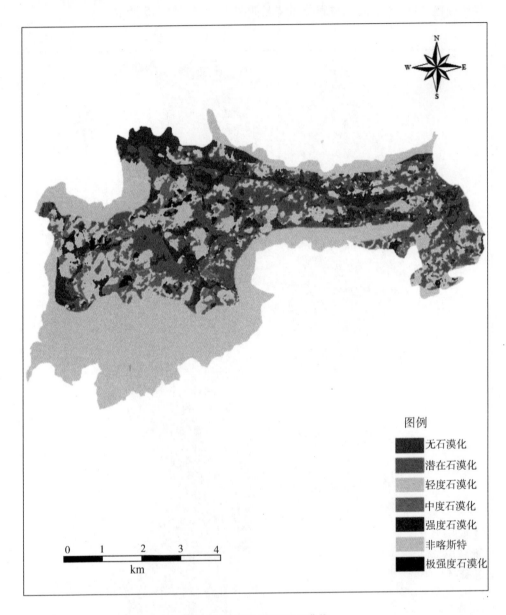

图例

- 无石漠化
- 潜在石漠化
- 轻度石漠化
- 中度石漠化
- 强度石漠化
- 非喀斯特
- 极强度石漠化

0 1 2 3 4

km

图 5.14 鸭池研究区石漠化

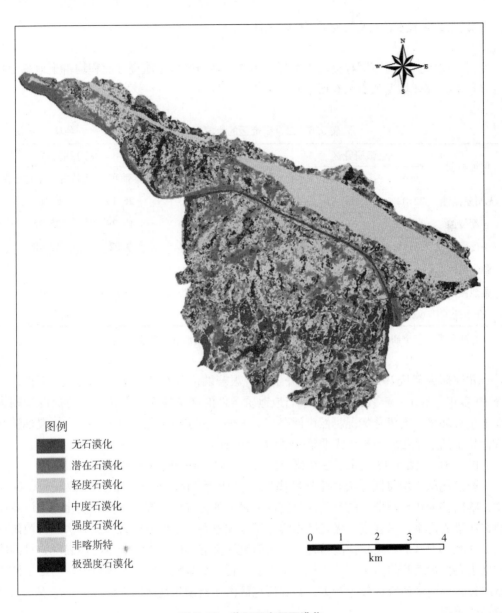

图例
█ 无石漠化
█ 潜在石漠化
░ 轻度石漠化
▒ 中度石漠化
█ 强度石漠化
░ 非喀斯特
█ 极强度石漠化

0 1 2 3 4
km

图 5.15 花江研究区石漠化

5.2.2　土壤侵蚀现状及空间分布规律

　　三个研究区都有不同程度的土壤侵蚀表现，各研究区土壤侵蚀面积均占土地总面积一半以上，具体情况如表5.6所示。

表5.6　三个研究区的土壤侵蚀情况　　　　　　单位：km²、%

侵蚀类型	红枫研究区		鸭池研究区		花江研究区	
	面积	占研究区土地比例	面积	占研究区土地比例	面积	占研究区土地比例
无明显侵蚀	22.02	36.43	13.59	32.73	26.15	50.67
轻度侵蚀	14.87	24.60	12.37	29.80	13.29	25.75
中度侵蚀	13.91	23.02	9.32	22.44	9.02	17.48
强度侵蚀	7.26	12.01	3.93	9.47	2.38	4.61
剧烈侵蚀	2.38	3.94	2.31	5.56	0.77	1.49
合　计	60.44	100	41.52	100	51.62	100

　　资料来源：三个研究区2007年SPOT 5卫星影像提取的土地利用和土壤侵蚀数据。

　　花江研究区从1997年以来，就开始进行艰苦的治理石漠化和水土流失的工作，至今10多年，有了一定效果。但由于当地地质条件的特殊性以及恶性循环造成的长期脆弱的生态环境，石漠化情况仍然广泛存在。另外，由于石漠化比重大，在土壤侵蚀监测方面显示的土壤侵蚀数据中无明显侵蚀的比例较高。

　　图5.16至图5.18展示了三个研究区2007年土壤侵蚀空间分布情况。

　　石漠化和土壤侵蚀是威胁喀斯特高原人居环境的两大问题。在选取的三个研究区中，喀斯特面积比重最大的是鸭池研究区，最小的是红枫研究区。但石漠化现象以花江研究区最为严重，其强度—极强度石漠化所占比重在三个研究区最高；其次为鸭池研究区；红枫研究区的石漠化情况最轻。三个研究区都有不同程度的土壤侵蚀表现，且各研究区土壤侵蚀面积均占土地总面积一半以上。在三个研究区中，红枫研究区的土壤侵蚀情况较轻；鸭池研究区较为严重；花江研究区由于石漠化地区的广泛存在，出现无土可侵蚀的情况。

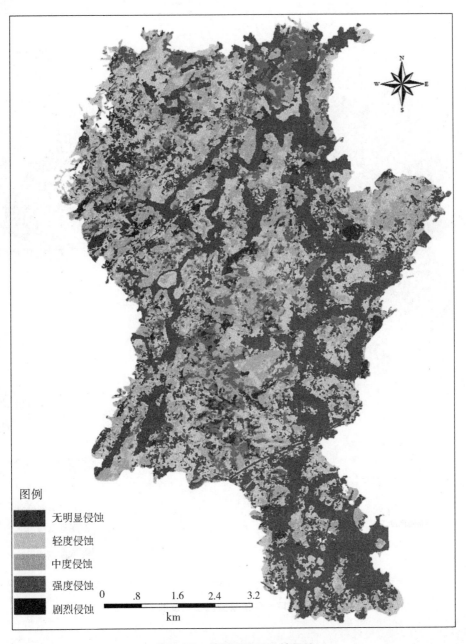

图例

无明显侵蚀
轻度侵蚀
中度侵蚀
强度侵蚀
剧烈侵蚀

0   .8   1.6   2.4   3.2
         km

图 5.16　红枫研究区土壤侵蚀

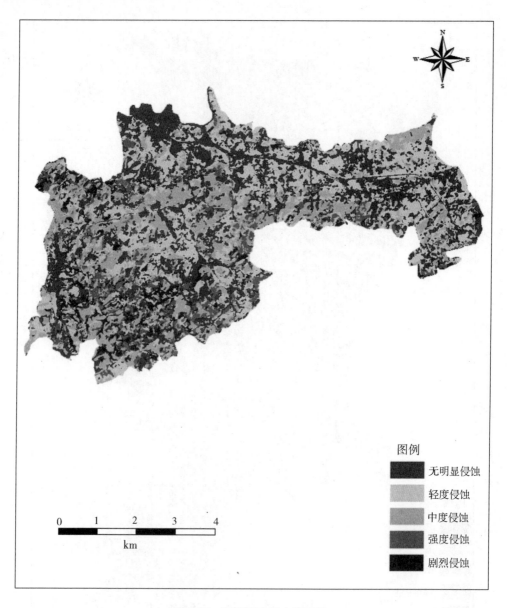

图 5.17　鸭池研究区土壤侵蚀

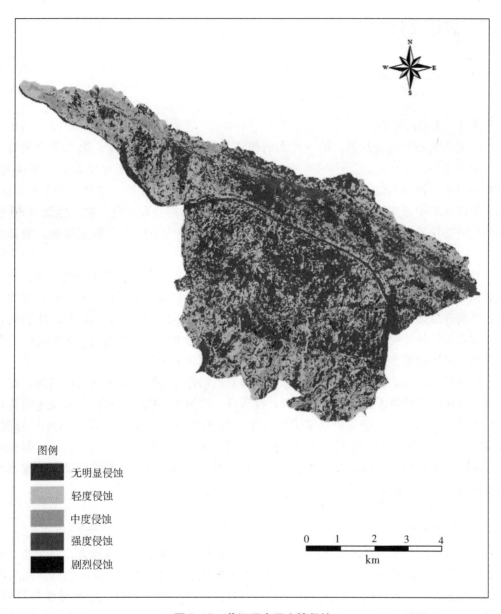

图例

■ 无明显侵蚀

□ 轻度侵蚀

▨ 中度侵蚀

▤ 强度侵蚀

■ 剧烈侵蚀

0 1 2 3 4
└──┴──┴──┴──┘
      km

图 5.18　花江研究区土壤侵蚀

5.3 居住文化空间

5.3.1 人心与人情

5.3.1.1 人心的差异

这里的人心有两层意思：第一是人的想法及其表现出来的态度；第二是"天有天心、地有地心、人有人心"中的人心，即人的规律。在此则意指对个人的生老病死、贫穷和富裕、社会地位的高低等有关个人命运的理解。实地考察感受到，在贵州山区，由于长期远离中原文化，对待居住环境的人心是顺从自然、天人合一的。但随着30多年来经济的快速发展，大量农民外出打工，外来文化冲击下的人心纷繁复杂，差异明显。

首先体现在年龄差异上。在对研究区的居民走访中发现，不管是生态环境较差的花江研究区还是资源条件好的红枫研究区，中老年人对待自己的居住环境基本持满意的态度，喜欢并透露着自豪；年轻人则不满并希望逃离现在居住的环境。其次是性别的差异，女性对居住环境的满意度要明显大于男性，且满意和不满意的通常为琐碎的生活相关细节；男性则更多关注退耕还林、社会保障等较深远的问题。

对于风水、命运预测在居住中的态度，即对人的命运应顺地心和天心的信念，花江研究区的居民更倾向于选择占卜、问卦、择吉日、看风水、按风水程序等来决定居住环境中的建房、修葺、改造等，日常中很多中老年人甚至保持了吃鸡看"鸡卦"习惯，以卦象来影响家庭未来的发展。红枫研究区和鸭池研究区的居民也有类似之处，但他们对居住中山水的形势更有看法。值得一提的是，喀斯特地区现代居民的环境保护意识比以前任何一个时代都真实和强烈。

5.3.1.2 熟人社会

喀斯特山区的聚落大都依据自然形态发展，盆地、谷地中的聚落较大，而洼地、小型盆地、谷地中的聚落一般小而分散。在三个研究区中，由这类聚落聚居发展而来的熟人社会普遍存在。无论聚落是自然村还是行政村，都没有明显行政上的组界或是村界；不仅一个小型聚落内部的所有人家都彼此非常熟悉，几个聚落间的人家也是再熟悉不过，常常在生活和生产中互助。这是一种人情——友情。

5.3.1.3 宗族结构

贵州喀斯特地区传统民居在分布上多以聚族而居，同宗同姓者组成自然村寨形成地方大户，甚至用该族姓氏来命名村寨，对重大事件予以统筹分工、共同约束的行为在一些地方至今仍发挥作用，表现了传统宗族制度的内在凝聚力。就三个研究区来说，可以算得上同姓宗族聚落（以主要姓氏户数占总户数比例超过50%来计算）的以鸭池研究区最多，达19个，花江研究区11个，红枫研究区5个（表5.7）。

表5.7　三个研究区同姓宗族聚落概况

研究区	村组名	主要姓氏	主要姓氏户数占总户数比例	研究区	村组名	主要姓氏	主要姓氏户数占总户数比例
红枫研究区	簸箕村岬角坡组	王	60%	鸭池研究区	石桥村龙滩组	阮	53%
	簸箕村上小组	王	65%		石桥村上寨组	徐	78%
	簸箕村王家寨组	王	55%		石桥村石桥组	吕	68%
	白岩村偏山组	吴	53%		石桥村岩头岩中组	阮	90%
	簸箕村刘家寨组	刘	50%		王家湾子村上湾组	王	99%
鸭池研究区	二堡村1组	杨	76%		王家湾子村石院组	石	76%
	二堡村2组	罗	75%	花江研究区	坝山村堡堡1组	曾	60%
	二堡村3组	李	60%		坝山村杨柳树组	罗	93%
	二堡村5组	赵	52%		三家寨村韩家寨1组	韩	86%
	二堡村6组	汪	40%		三家寨村韩家寨2组	韩	56%
	二堡村8组	李	66%		木工村坡棉组	赵	84%
	头步村环路组	武	78%		木工村沙地组	赵	89%
	营脚村下寨组	邓	78%		擦耳岩村擦耳岩组	饶	78%
	营脚村营山组	张	98%		云洞湾村庞家寨组	庞	56%
	营脚村店子组	邓	62%		孔落箐村茅草坪一组	田	64%
	甘堰塘2组	吕	99%		孔落箐村湾头组	贺	52%
	甘堰塘5组	汤	72%		孔落箐村朱家坪组	朱	64%
	甘堰塘7组	余	80%				

资料来源：根据在南方喀斯特研究院收集的2007年研究区人口数据及野外调查整理。

可见，红枫研究区因自然条件好，区位优越，交通方便，适于人居，所以经过长期的发展，文化交流已经非常方便，同宗同姓聚落大大减少，生活方式和贵阳、清镇一带的聚落基本没有差异，原来的同宗同姓聚落如刘家寨、彭家寨等地已经不再以名义的姓氏为主要居住户；鸭池研究区尽管同宗同姓是三个研究区中最多的，但在实际调研中发现，由于居住用地趋紧，这些以组为单位的聚落之间交互分布，聚落的同宗同姓现象虽存在，但同宗管理聚落事务的形式已不复存在，且很多名义上的同姓聚落如付家院、邓家院、赵家湾等已经不再以名义的姓氏为主要居住户；花江研究区聚落较为分散，同宗管理聚落事务的形式也正存在逐步消失的态势，韩家寨、黄家寨、马家湾、谭家寨等名义上的同姓聚落也不再以名义的姓氏为主要居住户。但在很多村寨，如板围和法郎一带，仍然保留了宗祠和庙宇等十分具有当地同族同宗形式的公共建筑存在，且大部分地方由于同宗的事实存在，居民亲戚朋友众多，关系良好，在各家有任何大事如摆酒、建房、修葺等时，聚落中全体居民相互帮助、分工协作、共同完成工作的现象比比皆是。这是另一种人情——亲情。

5.3.2 生存和生活

5.3.2.1 与居住密不可分的农业文化景观

通过野外实地考察我们深深感受到，农业是喀斯特农村居民的生存之本，建立在各种土地利用方式上的农业文化在不同地貌区有不同的表现。高原盆地区水土条件好，地形平坦，水田较多，聚落分布较为集中，基本呈成片分布，因此能明显区别聚落和耕地之间的界线。水田和旱地界限明显，成片的水田以油菜、水稻、小麦为主要农业景观，成片的旱地以玉米、蔬菜为主要农业景观。由于靠近清镇和贵阳市区，蔬菜种植在盆地区占据很重要地位。高原山地区地形较为起伏，聚落分布存在一定的垂直差异，居住用地和农业用地通常交错分布。水田较少，旱地较多。水稻产区规模小于盆地区，主要为水稻、小麦、油菜、绿肥套种的景观；旱地规模大，成片的玉米套种土豆是主要的农业景观。高原峡谷区生态环境脆弱，聚落小而分散，很多地方根本不能耕种，居民只有向天要地，有时候草帽大小的石窝里面都种上一株玉米，房前屋后甚至屋顶都有各种农作物，水田少见，散布的玉米和花椒是主要的农业景观。

5.3.2.2 生活方式与聚落文化景观分异

野外实地考察时还明显看到，长期形成的生活方式导致不同地区聚落文化景观各不相同，表现在组成聚落的建筑、住宅、道路、广场空地等空间要素及空间要素的组合上。在贵州喀斯特不同地貌区，这种差异非常大，每个地方都有不同风格、不同材质、不同色彩甚至是不同功能的建筑，侗族的风雨楼、苗族的吊脚楼、安顺天龙屯堡的石头寨等保留生活方式和生活功能的独特聚落比比皆是。

红枫研究区地形平坦，盆地开阔，生活环境较好，交通方便。由于距离省会城市贵阳和属地清镇市区距离较近，打工方便，聚落的常住居民较多，年轻人也较多，聚落显得充实而和谐，生活悠闲自得。聚落的各要素在空间组合上以平面的各种形态为主，聚落的道路也在这一平面蜿蜒，很多公共地方如学校、政府、单位的广场和空地通常成为聚落经济或社会活动的主要集中地。在鸭池研究区，高原山地起伏，居住用地趋紧，显得居住更为集中，卫生脏乱的现象很突出。对于集中在半山一带的聚落，道路沿着山体向上蜿蜒盘旋，聚落的立体形象突出。而山地的地形导致大型公共场所缺乏，好在因山体不大，各居民户在拥挤间更为容易交流，也显得热闹而和谐。在花江研究区，峡谷两岸不同高程的不同地带，聚落分布差异明显，生活方式也各不相同。靠近210省道的居民经济条件较好，沼气、水窖等生活必需设施基本配备完善，厕所、厨房等设施较齐全，卫生条件好。远离公路的聚落特别是花江峡谷下半部的聚落交通不便，生活方式受现代的冲击小，很多地方仍保留了石材、木材作为原料的建筑。但因居住较为分散，日常交流通常被出行的路径所限制，生活交流的范围较小。

　　生活方式不同，居住方式也各不相同。红枫研究区和鸭池研究区居民生活燃料以煤炭为主，厨房和炉具较小，与贵州大部分生活燃料为煤炭的地区生活方式基本相同。但随着近年来煤炭价格的持续高涨，大部分地区居民已经支付不起燃煤价格，只能以电代替煤作为生活燃料。虽然居住环境因此得以改善，但开支增加和用电作为生活燃料的缺陷使得居民更为不满。花江研究区在很多地方生活燃料则以柴草为主，厨房大，厨房中两个大灶基本就占据厨房面积的一半，大灶上的两口大铁锅不仅要为全家煮食，也要为牲畜煮食。随着近年来沼气池的修建，这种现象得以改善。因此在花江研究区，以柴草、沼气、电为生活燃料的情况同时在聚落中并存，且很多居民在生活中根据具体情况三种生活燃料交替使用。

5.3.2.3　经济生活型景观

　　生活要受到经济的影响，从而对居住文化也产生作用。野外实地考察显示，经济发展越好，生活条件越好，居住的文化越容易受现代文明的冲击，造成居住景观特色的丧失。但在一些地区，经济的发展也产生了新型的生活型居住景观，这些景观具有一定的时间性，也容易遭受淘汰。

　　在三个研究区，最具有特色的当属花江研究区，在长期和自然抗争以获取经济发展的过程中，很多地方通过各方的支持得到了发展，并造就了花江地区的两大新文化——奇石文化和花椒文化。奇石文化起源于当地北盘江特有的造型独特的石灰岩——盘江石，繁荣时期在210省道花江研究区段沿线的居民家中常见奇石的摆设和买卖，现虽逐渐衰落，但奇石仍承担部分居民家中的景观营造功能。另外就是花江擦耳岩、云洞湾、水淹坝一带的花椒种植，这里的花椒被称为"顶坛花椒"，经过长期的积累和发展，小小花椒不仅带来了显著的经济效益、社会效益，还带来了显著的生态效益。据统计，至2008年，核心产地顶坛片区单花椒一项农民年人均纯收入1000多元，云洞湾村年人均收入则高达4000多元。就靠种花椒，顶坛片区4个村实现了水、电、路、电视、电话"五通"，水土流失防治率达94%，土地石漠化治理率达92%。2009年，国家质检总局正式批准对"顶坛花椒"实施地理标志产品保护，使得"顶坛花椒"成为这一地区经济发展的驱动力。对于相应的居住环境来说，富裕起来的居民通过建新房，修筑宽大的利于晾晒花椒的院子、利于提炼和加工花椒油等产品的集手工作坊和厨房等功能于一体的新型厨房，构成居住的新型景观。且在花椒成熟期间，户户居民的院子里晾晒的花椒成为聚落的一大景观。近年来，金银花的种植产生了比花椒稍好的经济效益，很多居民将金银花间种在花椒周围，形成花椒成片、金银花间作成带的农业景观。

在红枫研究区，由于天然良好的农业条件，粮食作物和经济作物都可以大规模种植，造就了与居住相关的农作物景观。2008年夏季，西红柿种植达空前热潮，许多村如王家寨几乎家家户户都种植西红柿，聚落四处一眼望去全是西红柿。但丰收为居民带来的是大量难以出售的西红柿囤积在房前屋后，或直接腐烂在地里。另外，在喀斯特农村地区，包括三个典型地貌区，人畜混居的现象很普遍，畜牧业发展也很缓慢。但在该区的羊昌洞，实行将牲畜集中圈养的方式，混居现象不再，聚落卫生大大改善。

5.3.3 民俗和民族

5.3.3.1 民俗特色居住方式

不同地域下的居民生活方式不同，民俗也各不相同，即使经过长期发展有所同化，地域痕迹依然可见。根据实地调查，花江研究区在很多地方居民与生俱来的生态意识令人敬佩，如有的寨子历来只烧草而不烧木柴，因此植被保护较好；且许多老年人至今不出远门，自耕自乐，自织自衣，民风淳朴。而红枫和鸭池两个研究区遭遇经济冲击大，生活方式已经基本与其他地区同质化，居住方式体现不出民俗的特点，也带来如年轻人人心浮躁、劳动力人口专注于外出打工、广大居民对村干部和政府不信任等聚落内在凝聚力不强的问题。

5.3.3.2 民族特色民居

在三个典型地貌区中，以花江研究区的布依族较为有特色。分布在花江大峡谷风景名胜区内的布依族聚落有十余个，大寨50多户，小寨30多户。这些布依族村寨依山傍水，通常几个家族或几个姓氏聚集而居，房屋依山建筑，层叠而上。寨子周围树木环绕，海拔低的村寨四周遍植芭蕉，风景宜人。房间为三间或五间，中间为堂屋，堂屋正中设有神龛供奉祖先，左右各有卧室、客房或厨房。房屋过去多用竹篱笆、木棒或石块砌墙，现多用石头或砖头砌墙。屋顶过去多盖茅草，现多盖瓦或石板。1997年笔者第一次到这些村寨的时候，还随处可见草房、木房和石头房。随着经济发展，部分布依族民居改建成砖房和水泥房，交通沿线的布依族则已逐渐改变聚族而居的观念。

花江研究区还有另一个较有特色的民族——苗族。苗族村寨多分布在交通不便的高山，房屋结构简单，占地面积小，屋檐低矮，内部结构简单，不分间。通常左为厨房，中间堆放农具，右为卧室。住房与牲畜圈不相连，距离为 100～200 m。部分村寨的住房零星分散，户与户相毗的距离较远。随着经济发展，苗族居住条件逐渐改善，房屋结构为砖、石木、水泥结构。公路沿线的苗族建筑多为钢筋水泥结构，与汉族的建筑已无区别。

在鸭池研究区，人口较多的少数民族是彝族。但随着长期的经济发展、文化的冲突和融合，特色的彝族聚落现在基本很难看到，彝族建筑更少见。所幸的是，鸭池研究区所在的毕节市是彝族的主要分布地区，且彝族和上述的苗族、布依族都是贵州的世居民族，因此毕节地区大型的彝族聚落保护和彝族节日传统保护已经得到重视。鸭池研究区的彝族居民在参与这些活动的同时，已经开始具备民族自豪感和自身民族文化的保护意识。

红枫研究区的人口主要是汉族，虽然有白族等少数民族，但基本未保留民族和民俗特色。

上述结论印证了，在贵州，从民族的区别来讲，聚落的分布有"高山苗，水仲家（即布依族近水而居的意思），汉人住平地，仡佬住山旮旯"之说。

5.3.4 贯穿喀斯特居住过程的风水空间格局

5.3.4.1 风水空间要素差异

风水空间要素即龙、穴、砂、水、向，风水理论又称这五要素为"地理五诀"（高友谦，2004；朱镇强，2005）。风水的空间格局基本是围绕这五个要素展开，以寻找龙要真、穴要的、砂要抱、水要环、向要吉的理想风水居住空间格局。

（1）龙、砂之差异。根据文献资料（高友谦，2004；朱镇强，2005；杨柳，2005），龙，即山脉，是能担当主要地位，成为靠山的主山。山脉的起伏显隐、高低跌宕是生气在内升沉、游走的外在显现。可以说龙脉是生气来源的根本，有龙才有气，因此同穴、水、砂比较起来，龙对于生气最为重要，而且它所产生的吉凶效应也最强、最持久。风水的龙是拟物的象征手法，以龙的血肉、外形、神态、运行态势等形容山脉的外形和态势，不仅体现风水中的生态美学，也为龙这一空间要素的具体化提供方法。

风水认为寻龙问穴须先认祖宗，龙脉犹如人的血统、宗族，有好祖宗方有好子孙。风水理论认为（妙摩、慧度，1993），中国的龙脉皆发源于昆仑山，昆仑山为众山的始祖，然后分为北龙、中龙、南龙三大干龙进入中国。就此看来，在三个研究区中，以花江研究区龙脉血统最为纯正，关索岭为南龙的左支，主要标志地点位于关岭县城东22

公里处，关岭县旧时就称为关索岭，花江龙脉可由关索岭寻踪。

《葬经》①云："大则特小，小则特大"（杨柳，2005），真龙不一定高大，但却是最独特最秀美的，只有特异性才能分辨主从关系。因此各研究区龙之真假如何辨别，要看具体各个聚落所依的正地貌的组合情况。

砂也是山，是龙之余气，即辅助、护卫性质的辅山。风水中所察的砂，是背靠主山，能形成穴场的层层环卫于前后左右四个方位的砂山（妙摩、慧度，1993）。

风水对于山的描述的精髓，在于山的形和势，形即外形，势即态势。形方面，主要有两分法和五分法（沈新周，清代；张九仪，清代；菊逸山房，清代），即将山的形态分为雌雄两类和五星五类。雌雄是相对而言的，五星则非常具有指导意义：木山——山形高大耸拔，火山——形同火焰或酷似毛笔，土山——形如平坦的屋顶或"几"字，金山——山形浑圆，水山——形如水波或活蛇。此外，风水的形还将山拟人化：石为山之骨，土为山之肉，水为山之血脉，草木为山之皮毛。可见风水对龙和砂是充分考虑了地质、土壤、水文、植被等综合因素的。从风水的角度来看这三个研究区的龙和砂，则可大致看出：从地貌学来看，能成为龙山和砂山的应是喀斯特正地貌，即溶丘、溶峰、峰丛、峰林等类型，其高度依次增加。三个研究区中，红枫研究区以溶丘、溶峰、峰林为主，因此山形多金山、木山；鸭池研究区以峰丛、峰林为主，多水山、木山；花江研究区以峰丛和峡谷为主，多水山。以骨、肉、血脉、皮毛来看，从喀斯特地质条件下的石灰岩分布、土壤侵蚀和石漠化的情况则可看出各研究区大致的差异。

山之势有龙的五势——正势、侧势、逆势、顺势、回势，以及赴、卧、蟠三奇和与之相对的全躯、分支、隐伏"三径"，以及为臣道的环砂应有玄武垂头、朱雀翔舞、青龙蜿蜒、白虎驯服的态势（沈新周，清代；张九仪，清代；菊逸山房，清代；杨柳，2005）。

由于风水中的山势较为具体，而喀斯特地貌的山纷繁复杂，因此须通过具体风水空间格局来说明差异。

（2）水之差异。《葬经》曰："风水之法，得水为上，藏风次之"（杨柳，2005）。风水认为水为血脉，起输送和界定生气的作用。在平原地区无山脉可循的情况下，水也成为龙脉。

喀斯特地区的水主要是喀斯特泉和喀斯特河流、湖泊。喀斯特水的形态、质地和表现方式具有很大的独特性，钙、镁离子含量高是其基本特征，也使得喀斯特水成为雕塑喀斯特地形的主要外力条件之一。

红枫研究区水土条件好，不仅有被称为高原明珠的红枫湖，且水系发达，聚落的小河流和泉眼密布，喀斯特水的条件很好；鸭池研究区以喀斯特泉和细小河流为主，很多

---

① 传为晋代郭璞托汉代青乌先生之名所著。

地方还保持有喀斯特湿地，水的条件也相对较好；花江研究区有北盘江贯穿，但峡谷深切，水色混浊，缺水是花江研究区的生存问题。

5.3.4.2 风水格局差异

本研究的每一个具有风水因素的聚落都可以成为一个格局，难以全面叙述，此处的风水格局差异只能是概略性的。

野外实地考察可见，花江研究区峡谷落差大，是三个研究区中山形表现最大的，且峰丛众多。该地区风水格局各异，聚落发展大多有五六百年以上，传统和特色建筑保存较好，建宅时请"地师"（当地对风水师的称呼）看风水的风俗由来已久，延续至今。在调研时发现，分散于丛山峻岭中的聚落都占据风水格局相对较好的位置。如擦耳岩一带，聚落为丙壬、丁癸向，风水喝形为"天鹅抱蛋"，水消丑方，天鹅两个翅膀即青龙、白虎砂对望的中心处为穴场，结穴处的住宅大多为老宅，且老宅大多空废，此处的居民大都多子女，家境富裕，均已在公路边修有新宅且搬到新宅居住。又如康家岩一带，当地风水师称之为"观音坐禅"，"观音坐禅有山形，不动不静有性情，点穴点在乳头上，更比石丛富几分"，即聚落位于观音的怀抱中，虽然村寨不算富裕，但社会风俗和道德很好。又如沙厂一带，为"金猫捕鼠"形，点穴点在猫鼻梁，此处沙厂生意较好。再如棉竹蓬一带，为"霸王点兵"形，此处的村寨有20多户杨姓人家，结穴处居民家境富裕，且有子孙为官。而法郎、孔落菁一带山形高大，过于险峻和凶猛，且龙露骨，白虎露牙，虽有山环，但来势凶猛，因此这一带多庙，且庙中供奉的菩萨较多。总的来说，花江一带山形山势虽好，但皮毛、骨肉不够丰富，且因缺水，不符"得水为上"的风水规律，居住的风水空间格局不够理想，风水空间格局非常有特点。

鸭池研究区较好地体现了风水空间的"山来水去"。该研究区的山形也较为高大，但来势较温和，而水是高原山地的典型喀斯特水，以湿地和泉眼为主，水质清澈，河流多短小，且有伏流和暗流，因此在风水空间格局营造上据水而居是重要的特点。如半坡一带，宝窝塘水质清澈，四周群山环绕，为水星结穴；不足之处是东方的砂山不环，呈"飞砂"状，聚落分散在四周的半山和山脚地上。"大地三关，小地一关"，因地势相对开阔平缓，鸭池研究区的风水空间格局大于花江研究区，且聚落集中，人口众多。

红枫研究区以高原盆地地形为主，山散而小，水多而缓。按照当地人的描述，有四面环山朝拜的形势，通常发展为集镇所在地，这与地貌学的盆地峰林的组合表现一致。王家寨一带聚落的马蹄形分布、背依笔架山形、寨中水流蜿蜒、泉眼密布的现象，被当地人认为较符合理想的人居风水格局：玄武砂下火星结穴，但青龙砂和白虎砂相隔较远，分别为土星砂和木星砂，朱雀砂尚可，为金星砂，玄武砂后有水星相随，加上寨中水流蜿蜒，五行齐全，风水较好。羊昌洞、骆家桥一带，地势平缓，山体浑圆散布，空间开阔，不够围蔽，因此聚落集聚无明显形态。芦荻一带水系广布，山环水绕，山体小而散布，水弯曲处结穴，地势平坦，风水空间开阔，宜发展聚落。

总的来说，三个研究区风水空间格局的规律同聚落差异的规律基本一致。花江研究区的个体风水空间格局较小，而整体风水空间格局差异较大，且风水传统保持至今，各个聚落的风水空间格局具有各自不同的特点；鸭池研究区的个体风水空间格局较大于花江研究区，因有水更显"山来水去"的以山水为核心的整体风水空间格局；红枫研究区地势开阔平坦，水系广布，山体小而散，因此风水空间差异较小，有特色风水格局的地方不多。

5.3.4.3 风水空间营造差异

在自然赋予的风水不足的时候，当地人时常通过人工营造来构筑理想的风水空间格局。其中，空间、方位、时令是构筑的主要基本原则。方位和时令上，是四象、五行、六甲、七辰、八卦、九星、十二水口的结合运用，构筑山川秀法、绿林阴翳的风水空间格局，体现在空间上的，是屏蔽宽松的大自然环境，收紧小的居住空间。风水空间的营造，一般体现在植风水林、建庙宇、引水、建塔等方面。

在三个研究区中，很多村寨都有风水林，聚落都掩映在郁郁葱葱的绿树中。红枫研究区的风水林营造不明显，村寨整体营造风水林的现象少见；鸭池研究区有部分村口种有风水林；花江研究区较为有特色，很多村寨后有整片的风水林，入口处有风水树，水口处广种树木，形成大片水口林植树补基。少数民族聚落特别是苗族、布依族、彝族更注重风水林的种植，一般少数民族的村寨后面大多种植有祭祀山神的献山林。风水林选取的风水树多是柏树、冬青、蒙紫、香樟等常绿树，高大挺拔，枝叶繁茂，郁郁葱葱，象征四季常青，使得聚落不仅风水营造得当，且环境幽雅宜人。

在庙宇方面，红枫研究区和鸭池研究区范围内的村寨均无庙宇，花江研究区有很多村寨有庙宇，但当地人对庙宇的看法不一致。在北盘江以南的地区，居民普遍认为"地师"在看风水时留有心眼，稍不满意就欺骗居民并破坏聚落风水，而通常的手段就是在风水最好的穴地修建庙宇。如擦耳岩的"天鹅抱蛋"形，因"地师"的私心，在蛋上修建庙宇，使得聚落风水受影响，当地人随即销毁庙宇。这种意识导致北盘江以南的聚落庙宇基本上被销毁，无迹可寻。北盘江以北，风水传统不同于以南地区，最重要的是北盘江是贞丰和关岭两县的县界，自然和行政界限的存在导致风水意识有所差异，长期以来保存了很多聚落庙宇。尽管在"文革"期间因"破四旧"销毁了很多庙宇，但孔落菁、法郎一带的庙宇尚存且香火不断，且遵循小村落小庙宇、小菩萨、少菩萨，大村落大庙宇、大菩萨、多菩萨的规律，很多村落出入口处还可见非常小型的供奉土地的神位。有意思的是，当地人也存在庙宇影响聚落风水的看法，但因怕触犯神灵以及文物保护工作的开展，他们不敢破坏庙宇，因此在庙宇中或旁边均布局村寨的小学，以此来破解或缓解风水不足。

在引水方面，红枫研究区、鸭池研究区较常见，聚落中水流蜿蜒，和农业灌溉的水渠、聚落中的泉眼构成生气出露的和谐风水画面；花江研究区在脆弱的生态环境下长期缺水，引水主要为储存，大大小小的水窖、拦水坝、引水渠均不具备风水中引水聚财的意义。

其他方面的风水营造，如建塔等，因三个研究区均地处农村地区，村落财力有限，较少见其他人工风水营造建筑。

可见，从居住文化方面看，喀斯特地区与居住文化环境相关的当地居民的居住环境观、互助的社会环境氛围、同宗同姓的宗族发展情况等既有相同之处，也随着地域的差异有着各自的特点。与生存和生活密不可分的农业文化景观以及生活方式导致的聚落文化景观也因地域不同而具有各不相同的特点。居住的民俗和民族的居住文化同样也有此类的规律，聚落的分布不仅印证了"高山苗，水仲家，汉人住平地，仡佬住山旮旯"之说，且民俗特色居住方式、民族特色民居等方面的居住文化均有各自的特点。研究也表明，喀斯特典型地貌区经济发展越好，生活条件越好，居住的文化越容易受现代文明的冲击，居住景观特色越容易丧失，居住的民俗和民族的居住特点也较容易丧失。由此得出，喀斯特地区居住文化环境特色强弱的规律为喀斯特高原峡谷区＞高原山地区＞高原盆地区。

喀斯特典型地貌区居住环境的风水空间格局是将人居环境的自然因素和人文因素有机整合而成的。从自然地理环境特别是地貌学的角度来看，三个典型地貌区的风水空间要素即龙、穴、砂、水、向均有着各自的空间格局特点，各研究区的风水空间格局充分体现了这一差异。研究表明，从个体的风水空间格局来看，喀斯特高原峡谷区的个体风水空间格局最小，与区域地貌组合空间格局较小的自然环境特点相一致；高原山地区稍大；高原盆地区由于地形开阔，其个体风水空间格局最大。从风水空间格局的区域内部差异来看，与自然环境特别是地形地貌的差异一致，风水空间格局的差异性规律为高原峡谷区＞高原山地区＞高原盆地区。因此，喀斯特峡谷地区的居住风水空间格局也最具传统风水文化的特点和地方特色。

5.4 喀斯特地区居住环境等级空间分布

5.4.1 宜居指数

5.4.1.1 评价指标的选取

根据前述第 1 章中人居环境指标体系的理论和实践经验总结，结合贵州喀斯特地区实际情况，本部分主要从居住自然环境、居住经济环境、居住社会环境、聚居能力、可持续性五个方面构建人居环境的评价指标体系。自然环境、经济环境、社会环境是人居环境地理背景条件的基础内容，聚居能力是与居住相关的上述地理背景的进一步延伸内容，可持续性属于在居住地理环境、聚居能力基础上总结的发展性内容。

在居住自然环境指标体系的构建上，非喀斯特面积比率、坡度≥25°的土地面积比率是喀斯特地貌及地貌空间结构的重要指标，是体现居住自然地理环境喀斯特性质的最关键内容。在此基础上，从土壤、降水、温度、水资源量、植被等主要自然地理要素方面构建人居的自然地理环境指标体系。另外，考虑到土壤侵蚀和石漠化是影响喀斯特地区生态环境、人居环境的关键因素，也将这两项指标列入居住自然环境指标体系中。

在居住经济环境指标的选取上，本书认为经济的空间差异不单是 GDP、产业结构或任一单一指标的差距，而是区域综合经济发展水平的综合表现，且这种综合指标与区域人口密不可分，因此从经济均量、经济效益、经济结构三个方面构建居住经济环境指标。其中，经济均量采用了比较普遍的人均 GDP、人均工副业产值和经济密度，并考虑本研究所选择区域主要是喀斯特农村地区，人均农业产值和外出务工收入均作为重要指标纳入指标体系；经济效益则注重农村地区主要的两项收入来源——农业收入和打工收入，选取了农业投入产出比、打工收入投入本地比重、林业生产效益、经济区位熵等指标；经济结构则考虑农业结构、工副业结构以及种植业占喀斯特地区主要地位的特点，采用了农业结构系数、工副业结构系数、种植业占农业比重、二元结构系数等指标。

在居住的社会环境方面，由于研究细化到行政村，入户的社会调查情况、指标构建和人口普查数据有差异，且资料有限，因此主要根据获得的资料以及入户调查结果，从人口特征、教育水平、行业三个方面构建社会指标。其中人口特征采用了较常用的户人口数、性别、年龄、民族、劳动力等指标，教育水平则主要根据受教育程度设定指标，行业则根据喀斯特地区农村人口所从事行业的特点分为务农、从事工副业和外出打工三种。

聚居能力体现出居住环境不仅适合居住，而且包括了适合居住的程度及条件，这方面主要结合居住自然、经济、社会的各项因子。其中，人口密度、住宅建筑密度和第4章的聚落密度研究相呼应，人均居住面积、生活用水、用电、燃料、通讯等则与第3章的住宅评价相关，卫生、治安、学校以及交通则是聚居不可缺少的要素。

可持续性指标主要与本书的格局—过程相互作用的研究范式相呼应，并且是人居环境评价发展性和目标性的指标。在此部分，自然、经济、社会及聚居能力的指标都以变化率或增长率的形式成为可持续性指标。为使指标体系不过于庞杂，此部分主要考虑保持各类指标的地位和作用，以影响喀斯特地区人居环境发展的主要因素为指标建立依据。其中，自然方面有植被覆盖、轻度以上石漠化、轻度以上土壤侵蚀的年变化率等三项指标，体现了喀斯特地区生态环境保护和恢复是人居环境优化的基本前提；经济方面则考虑经济均量——人均 GDP、农业产值和工副业产值的增长率等指标；社会方面主要选取人口自然增长率和适龄儿童入学率两个反映人口和教育的关键指标；聚居能力方面则选择人口密度和住宅密度的年变化率，不仅为了研究的前后呼应，也是考虑到其他聚居能力指标的量化及年度变化的监测难度问题。

部分指标的计算公式如下：

林业生产效益：依据当地退耕还林的政策情况，有：

$$林业生产效益 = （林业收入 + 退耕还林补贴）/林业投入。$$

经济区位熵（伍世代、王强，2008）：

$$Q = S_i/P_i。$$

式中：Q 为经济区位熵；S_i 和 P_i 分别为 i 区域 GDP 和人口数占全区域的比重。

产业结构系数：根据收集资料的情况和贵州社会经济发展的情况，分别为农业、工业和副业产值占全区域总产值比重与从事该产业劳动力占全区域劳动力比重之比。

二元结构系数：农业和工业的产业结构系数之比。

喀斯特宜居指数的指标体系如图 5.19 所示。

5.4.1.2 指标处理

联合国和各国构建的人居环境指标主要是针对城市，与本研究的喀斯特地区特别是喀斯特农村的地理环境有很大差别。由于指标类型较难寻找标准，因此在宜居指数评价方面，仍旧就喀斯特的各项指标论喀斯特人居环境。

由于选取的指标属性不一致，需要对指标进行处理。本评价体系的指标涵盖正向指标、逆向指标、适度指标三类，需将指标全部统一处理为正向指标。通过几种处理方法的反复比较（马立平，2000；叶宗裕，2003），我们采用倒数法（即取原数值的倒数）处理逆向指标，用式（5.1）处理适度指标：

$$X'_i = \frac{1}{|x_i - k|}。 \tag{5.1}$$

式中：k 的取值一般为标准值，由于本研究采用的指标找不到清晰的标准值对照，因此取三个研究区的平均值。经验证，通过上述方法正向化的指标既不改变原指标之间的差距，也不改变原指标的分布规律。

5.4.2 BP 神经网络评价模型

人工神经网络（Artificial Neural Network，ANN）（周开利、康耀红，2005；董长虹，2007；葛哲学、孙志强，2007）是模拟复杂生物神经网络自主学习和智能特性的系统模型，具有分布式存储信息、协调处理信息、信息处理和存储合二为一以及对信息处

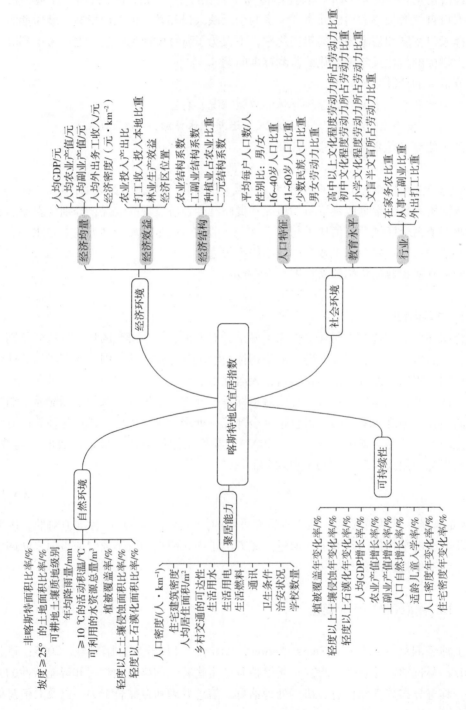

图 5.19 喀斯特地区宜居指标体系（村域）

理具有自组织、自适应、自学习等特点。

BP 神经网络是多层前馈型神经网络，其权值的调整采用误差反向传播的学习方式（back propagation），具有很强的输入输出非线性映射能力以及易于学习和训练的优点，是神经网络的精华部分，因此也成为 ANN 技术中应用最为广泛的一种网络类型。与传统的统计分析模型相比，BP 神经网络具有更好的容错性、鲁棒性和自适应性，在预测预报、分类及评价等方面最为适用（李双成、郑度，2003）。

5.4.2.1　网络训练样本集

根据综合评价的特点，结合神经网络的工作原理，参照有关文献的选取方法（许月卿、李双成，2005），应用线性内插法，通过构建涉及三个研究区 29 个村共 1624 个数据的 56 组评价指标的最大和最小区间，线性设定影响等级。线性内插的过程是将 29 个村的 56 组数据中的每组数据先提取最大值、最小值，再根据最大值和最小值的区间和人居环境评价的经验及研究的要求，将数据通过内插方法处理为 5 个等级，最后得到 56 组共 280 个训练用的样本数据，作为神经网络的输入数据。然后将喀斯特地区人居环境评价目标分为 5 级，由 5 到 1 分别表示人居环境质量由高到低（5 表示居住环境质量高，4 较高，3 一般，2 较低，1 低），作为输出数据，以完成一维对应，构建 BP 神经网络的训练数据输出输入样本。通过设定好输入和输出，构建并训练具有相应结构、学习规则、权重和阈值的神经网络，再通过输入各研究区的实际评价指标，得到最终综合评价值。

5.4.2.2　BP 神经网络设计

设计包括指定输入输出、神经网络的层数、隐层神经元个数、传输函数、学习速率和期望误差的选取。BP 神经网络最大且唯一的特点是非线性函数的逼近，而且只含一个隐层的 BP 神经网络即可完成任务（丛爽、向微，2001）。

根据输入输出数据和研究的要求，输入层、中间隐层、输出层之间分别采用双曲正切 sigmoid 传递函数、纯线性 Purelin 传递函数，对应 MATLAB 工具箱中的 tansig（x，b），Purelin（x，b），并使用 trainlm 算法进行自动正则化，以提高网络的泛化能力。经过 5 次训练后，网络的目标误差就能达到要求（图 5.20）。

5.4.2.3　训练得到的 BP 神经网络结构及权重、阈值

经训练后得到的 BP 神经网络结构为：输入层 56（280 个样本数据），中间层 5，输出层 1（与设定好的 5 个级别一维对应），因此网络拓扑结构为 $56 \times 5 \times 1$，为比较简单的三层网络结构。

经过运算后得到的各权值及阈值如下。

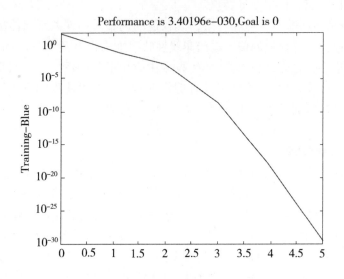

图 5.20　BP 神经网络训练过程

隐层与输出层之间的连接权值矩阵为：
$$W5 \times 1 = [-1.92; 0.86; 1; 0.79; -1.86];$$
隐层神经元的阈值矩阵为：
$$b1 \times 4 = [-1.08; -3.26; -3.56; -7.68; 2.59];$$
输出神经元的阈值为：$b2 = [1.59]$。

需说明的是，BP 神经网络在学习速率、初始权值的选取方面比较重要，且方法多样。其中初始权值的微小改变会带来误差的剧烈变化，不同学习速率的网络训练结果也大不相同。本研究获得的 BP 神经网络受一定的设计影响，因此在改进 BP 算法方面还有继续深入的必要。

5.4.3　结果分析

将各研究区各村标准化后的数据输入训练好的网络，得到各研究区各村的最终人居环境评价结果。

如表 5.8 所示，评价结果基本符合事实情况，排名前 10 位的聚落中，红枫研究区就占了 6 个，鸭池研究区和花江研究区各占 2 个。得分最高的是簸箩村，前文述及红枫研究区的人口重心和住宅建筑重心刚好均位于该村，该村地势平坦，石漠化和土壤侵蚀情况较少。花江研究区的坝山村能够跻身前 10 位（第三位），分析其统计数据，可看出其各个指标得分都较为均衡，但可持续性指标的贡献较大，可见坝山村近年来石漠化、土壤侵蚀的治理情况较好，经济发展较快，社会环境也逐渐改善。鸭池研究区的湾子村能位列第四位，分析各个指标，可看出主要是社会环境指标的贡献较大，可见该村虽然人口较多，但劳动力比重大、素质高，人口结构合理，人口增长也受到控制。

表5.8 三个研究区各行政村居住环境评价值

排序	村名	得分	居住环境质量	所属研究区	排序	村名	得分	居住环境质量	所属研究区
1	簸箩村	4.85	高	红枫	16	查尔岩村	2.56	一般	花江
2	民联村	4.58	高	红枫	17	孔落箐	2.48	一般	花江
3	坝山村	4.53	高	花江	18	甘堰塘村	1.97	较低	鸭池
4	湾子村	4.34	高	鸭池	19	洛海村	1.93	较低	红枫
5	骆家桥村	3.72	较高	红枫	20	哈啷村	1.63	较低	鸭池
6	高山堡村	3.59	较高	红枫	21	石格村	1.40	较低	鸭池
7	白岩村	3.49	较高	红枫	22	芦荻村	1.21	较低	红枫
8	营脚村	3.37	较高	鸭池	23	石桥村	1.15	较低	鸭池
9	毛家寨村	3.34	较高	红枫	24	云洞湾村	1.14	较低	花江
10	三家寨村	3.34	较高	花江	25	板围村	1.12	较低	花江
11	右七村	3.14	较高	红枫	26	梨树村	1.04	较低	鸭池
12	木工村	3.06	较高	花江	27	竹山村	1.02	较低	红枫
13	鸭池村	3.05	较高	鸭池	28	五里村	1.00	低	花江
14	头步村	2.95	一般	鸭池	29	水淹坝村	1.00	低	花江
15	二堡村	2.58	一般	鸭池					

基于行政村尺度的三个研究区居住环境综合评价结果显示，人居环境条件最好的区域是红枫研究区，鸭池研究区和花江研究区稍差。

本章小结

喀斯特地区的人居环境有着非常强烈的特殊地域性，其空间格局首先体现在土地利用景观上。由于喀斯特地表地貌的复杂性和地貌类型的差异，三个地貌类型区的土地利用空间格局十分复杂，这些不同类型的土地在水平空间上交错分布，构成土地利用的水平空间格局。

在三个研究区中，土地利用类型均以农用地为主，其他类型所占比重较小。其中，花江研究区地表比较破碎，草地、林地、旱地和园地这些比重大的景观都显得破碎，分布也比较复杂，自然条件和农业条件较差，园地及基于园地的花椒种植是主要的土地利用景观特点；鸭池研究区地貌处于上升阶段，地表和地下岩溶地貌广泛发育，地形相对高原峡谷区平缓，在各种景观格局指数上显得该区似乎是三区中破碎程度较低的，但旱地等重要的农业用地类型不仅所占比重大，景观方面的斑块数量、密度也大，平均斑块大小较小，形状最复杂，因此该区农业条件和居住自然条件相对也较差，旱地是其主要的土地利用景观特点；红枫研究区由于河流和水网密布，从各种景观格局指数的表征来看似乎景观是相对较破碎的，但主要的农业用地类型相应的景观格局指标都处于较为合理的层次，表明农业条件和居住自然条件相对优越，而水田是其主要的土地利用景观特点。

在土地利用分布的垂直方向上，基于 ArcGIS 和 Arcview 软件平台，利用等高线生成 DEM，从高程、坡度、坡向三个方面和土地利用类型数据进行叠加分析。结果如下：①红枫研究区。在高程上，林地、草地主要分布在海拔 1290～1330 m 范围内，其他土地类型主要分布在海拔 1250～1290 m 范围的高程；除湖泊外，各土地类型分布都呈现在某个海拔范围内分布的面积达到最多后随着海拔的增高而逐渐下降的趋势。在坡度上，耕地、林地、村镇用地、公路用地和未利用土地都主要集中分布在地势平坦的平坡地带，且随着地形坡度的增加，分布面积逐渐减少。在坡向上，在无坡向的平坦地带，各类型土地分布的面积都较多；在有一定坡度的山地地区，各类型土地都表现出杂乱无章的分布态势，但大致以东南坡和西坡较多。②鸭池研究区。园地、村镇用地、公路用地、耕地、林地以及其他用地主要集中分布在海拔 1430～1470 m 范围内，且在这一范围达到高值后，随着海拔的增高，分布逐渐减少；草地分布所跨海拔高程范围较广，以海拔 1430～1590 m 范围为主。在坡度上，耕地、草地、村镇用地、公路用地、其他用地都分布在平坡和平缓坡地区，且在平缓坡的分布要大于在平坡的分布，之后随着坡度的增加，分布逐渐减少；林地则随着坡度的增加，分布越来越多，在 25°～35° 的缓坡范围达最多后，呈现随坡度增加而减少的规律。在坡向上，各个坡向都有各种土地类型分布，分布较为复杂。③花江研究区。由于所跨海拔高程范围大，土地类型在高程上的分布最为复杂，各类型的分布都有不同的高程特点，大致遵循随着海拔增高，面积增加，到一定范围达到最大后又随着海拔增高而减少的趋势。在坡度上，各土地类型分布主要以缓坡地带为多，之后随着坡度的增加，分布逐渐减少；但在坡度 25°以上的各土地类型面积比重比其他两个研究区多。由于高原峡谷的特殊地貌，花江研究区各类主要用地在平坦的无坡向地区少有分布，在地形坡度起伏地区，坡向分布较为复杂，大致以东南坡和西坡较多。

三个典型地貌研究区中,石漠化和土壤侵蚀严重程度的规律和喀斯特面积所占区域土地总面积比重大小的规律一致,即花江研究区>鸭池研究区>红枫研究区,再次证明了喀斯特地区居住自然环境、土地利用合理程度和农业条件优劣程度的规律为高原盆地区>高原山地区>高原峡谷区。

从人心和人情、生存和生活、民族和民俗、居住的风水空间格局四个方面分析喀斯特地区独特的人居文化环境指示,喀斯特地区与居住文化环境相关的当地居民的居住环境观、互助的社会环境氛围、同宗同姓的宗族发展情况等既有相同之处,也随着地域的差异有着各自的特点。与生存和生活密不可分的农业文化景观以及生活方式导致的聚落文化景观也因地域不同而具有各不相同的特点。居住的民俗和民族的居住文化同样也有此类规律,聚落的分布不仅印证了"高山苗,水仲家,汉人住平地,仡佬住山旮旯"之说,且民俗特色居住方式、民族特色民居等方面的居住文化均有各自的特点。研究也表明,喀斯特典型地貌区经济发展越好,生活条件越好,居住的文化越容易受现代文明的冲击,居住景观特色越容易丧失,居住的民俗和民族的居住特点也较容易丧失。因此在居住文化上,红枫和鸭池两个研究区在长期的文化冲突和融合下,很多特色居住文化正在或已经消失;花江研究区则保留了很多具有明显地域特色,特别是民俗和民族特色的居住文化。从居住风水的角度来看,三个典型地貌研究区的风水空间要素、风水空间格局、居住风水的传统、风水空间的人工营造均有所差异并体现出各自的特点。总的来说,风水空间格局的规律同聚落差异的规律一致:花江研究区的个体风水空间格局较小,而整体风水空间格局差异较大,且风水传统保持至今,各个聚落的风水空间格局具有各自不同的特点;鸭池研究区的个体风水空间格局较大于花江研究区,因有水更显"山来水去"的以山水为核心的整体风水空间格局;红枫研究区地势开阔平坦,水系广布,山体小而散,因此风水空间差异较小,有特色风水格局的地方不多。

本章最后以综合评价来详细论述喀斯特地区人居环境等级格局。首先从居住自然环境、居住经济环境、居住社会环境、聚居能力、可持续性五个方面构建56个人居环境的评价指标。然后通过构建涉及三个研究区29个村共1624个数据的56组评价指标的最大和最小区间,线性设定影响等级,将喀斯特地区人居环境评价目标分为5级,进行线性内插处理。并将处理好的56组280个样本训练数据作为输入数据,表示人居环境质量由高到低的5到1的等级数据作为输出,构建BP神经网络,得到具有相应结构、学习规则、权重和阈值的神经网络。最后将各个村的实际评价指标输入网络,得到综合评价值。结果表明,排名前10位的聚落中,红枫研究区就占了6个,鸭池研究区和花江研究区各占2个。

与前述三个典型地貌区综合地理环境背景、喀斯特地貌特点和住宅空间差异、聚落空间结构以及居住综合评价的研究结果综合分析,可看出:

（1）喀斯特人居环境与区域的综合地理环境背景条件密切相关，区域地理环境最好的高原盆地区土地利用最合理，农业条件最优，住宅总体水平最好，聚落集聚程度最高，人居环境最好；高原山地区域地理环境稍次，土地利用合理程度、农业条件、住宅总体水平稍差，因人口规模大，居住环境过于紧张而导致人居环境条件较差；高原峡谷区生态环境最为脆弱，人居环境特别是农业条件、土地利用程度最差，聚落最分散，但居住的人文环境较好，且保留了很多区域居住文化特色。

（2）各典型地貌区域内人居环境空间格局存在不同的特点，这种人居环境空间格局的差异性与区域自然地理环境的差异特别是地表地貌的差异密切相关。无论是住宅条件的空间差异，聚落的空间差异、聚落在水平和垂直方向上分布的空间差异，还是主要的农业用地类型景观格局破碎和复杂程度、土地利用的水平和垂直空间分布差异，以及风水空间格局的差异性，均表明：区域自然地理环境差异最大的喀斯特高原峡谷区人居环境空间差异最大，高原山地区次之，高原盆地区人居环境空间差异最小。

（3）居住文化对人居环境的影响虽未能全面评价，但其发展规律可循：喀斯特地区经济发展越好，生活条件越好，居住的文化越容易受现代文明的冲击，居住文化的区域特色越容易丧失。因而，如何在发展人居环境中寻求地方居住文化并保留和发展，也是人居环境评价和人居环境优化重要的研究内容。

第6章　贵州喀斯特地区人居环境演变

过程是由不同的时间断面组成的时间序列，人居环境的演变过程同样由每个时间断面的人居环境空间格局组成。基于这一原理，本章选取红枫研究区作为案例地区，研究其人居环境空间格局的时间变化，再将红枫研究区的人居环境演变和喀斯特高原盆地区、高原山地区、高原峡谷区人居环境作对比演变，以得出贵州喀斯特地区人居环境演变的时间规律。

本章首先从人口重心和住宅建筑重心入手，探讨其分布和迁移的方向，然后就居民点——聚落空间结构的重要研究方面进行不同年度演变分析。在人居环境演变中，与居住有关的自然、社会、经济和文化因素同样重要。本章基于前一章宜居指数的构建，仍通过构建 BP 神经网络进行综合评价的方法对各个时间断面的居住环境空间等级进行分析，并就红枫研究区的居住文化发展变化、居住环境演变的主要驱动力展开分析。

本章数据来源于 2000 年、2005 年、2007 年红枫研究区 ASTER、IRS、SPOT 卫星影像提取的 1：10000 土地利用数据、石漠化数据、土壤侵蚀数据，以及基础地理信息数据、等高线数据，2000 年、2005 年、2007 年 10 个行政村的社会经济调查和统计数据、人口调查数据，以及笔者 2008 年暑假及 2009 年暑假进行的野外调研和入户调查，特别是 120 户居民居住空间行为的问卷调查。

6.1　聚落的演变：2000—2007 年

6.1.1　人口重心和住宅建筑重心迁移

依据研究区的统计数据，利用 ArcGIS 9.2 以及式（4.6）计算，可以得知红枫研究区的人口重心明显南移（图6.1）：红枫研究区的人口重心 2000 年位于东经 106°20′44″，北纬 26°31′54″；2005 年位于东经 106°20′43″，北纬 26°31′47″；2007 年位于东经 106°20′45″，北纬 26°31′41″。

但红枫研究区住宅建筑重心变化不大，8 年间先向西南移动，再向东北移动（图6.2）：红枫研究区的住宅建筑重心 2000 年位于东经 106°21′11″，北纬 26°31′8″；2005年位于东经 106°21′8″，北纬 26°31′2″；2007 年位于东经 106°21′12″，北纬 26°31′4″。

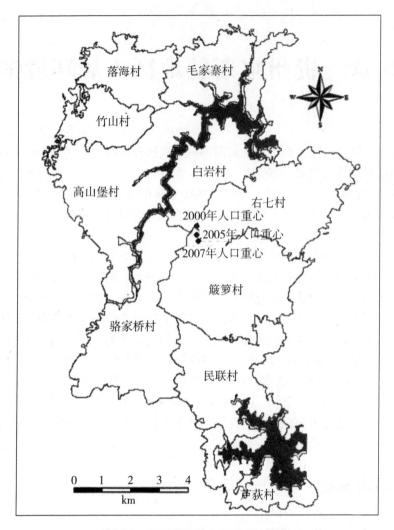

图6.1 红枫研究区人口重心的迁移

6.1.2 居民点规模的演变过程

统计分析表明,红枫研究区2000年居民点总面积为0.60 km²,2005年为1.01 km²,2007年为1.05 km²。可见,2000—2005年是居民点快速增长时期,平均年增长率为8.22%,而2005—2007年平均年增长率仅2.32%,8年间的平均年增长率为6.53%。上述3个年份的居民点分布情况如图6.3所示。

144

图6.2　红枫研究区住宅建筑重心的迁移

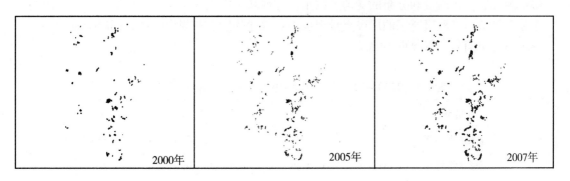

图6.3　红枫研究区聚落居民点的变化

6.1.3　聚落演变的空间差异

6.1.3.1　水平空间差异

（1）空间分布的变化。将 2000 年、2005 年、2007 年的居民点数据和等高线数据、基础地理信息数据叠加分析显示，2000—2007 年居民点在数量上和面积上表现出增加的趋势，毛家寨村、落海村、竹山村、高山堡村、骆家桥村、簸箕村、民联村、芦荻村基本上是围绕原有的聚居地呈散布状增加，且这些散居的聚落都沿着等高线呈环状分布，地势较低的地区即山脚地带。其中簸箕村、民联村、骆家桥村的居民点增加幅度相对较大。

围绕原有聚落集中集聚发展的有白岩村的白岩组，右七村的高一组、高二组、仓上组等，民联村的龙滩组等，这些地方等高线相对稀疏，地势相对平坦，容易集聚大规模的聚落。

从居民点的空间变化来看，南部、东部、中部的居民点在数量上和面积上都增加较快。而簸箕村的刘家寨和王家寨、高山堡村的高山堡、芦荻村的龙潭坡和芦荻等地一直都是集聚地区，居民点数量和面积有所增加，但由于地形限制，增加幅度不大。

（2）景观格局分析。本研究选取的景观格局指数包括类型水平和景观水平上的边缘密度（ED）、景观形状指标（LSI）、散布与并列指标（IJI）、离散指数（SPLIT），景观水平上的香农多样性指标（SHDI）、香农均匀度指标（SHEI）、蔓延度指标（CONTAG）。各景观格局指数的公式及其生态意义见附表1。

从表6.1中可明显看出，边缘密度、景观形状指标、蔓延度指标这三个指数都是逐年增大的，散布与并列指标、离散指数、香农多样性指标、香农均匀度指标这四个指数则逐年减小。这指示，红枫研究区的居民点景观的边缘密度不断增加，景观形状越来越不规则，分布越来越聚集，居民点空间格局不断趋于复杂，各种散布与并列情况相应变得更为无序，分离度和分布的均匀度减小。它反映了由于人类活动的加剧，土地利用类型趋于复杂，红枫研究区的居民点景观也随着数量的增多和规模的增大而趋于破碎，景观之间的空间分布情况更为复杂。

表6.1　2000—2007年红枫研究区土地利用景观空间格局指数

指标	2000 年	2005 年	2007 年
边缘密度（ED）	288.9070	333.6256	316.6251
景观形状指标（LSI）	56.1389	64.8360	64.9196
香农多样性指标（SHDI）	2.1100	2.0871	2.0817
香农均匀度指标（SHEI）	0.8799	0.7528	0.7508
散布与并列指标（IJJ）	72.3337	68.1905	67.9066
蔓延度指标（CONTAG）	43.4143	49.6078	49.7183
离散指数（SPLIT）	198.4271	76.0948	75.5673

值得关注的是多样性指数虽然变化不大，却显现出减小的趋势；再对比 Simpson's 多样性指数（SIDI）、修正 Simpson's 多样性指数（MSIDI）分析，2007 年的多样性指标比 2005 年稍大。由此可见，随着人类活动的增加，居民点景观趋于复杂，到一定程度后，景观的多样性情况不一定继续增加，这应该与喀斯特地形、河流、交通等因素对居民点发展的限制有关。

（3）居民点面积的 Moran's I。对居民点面积的 Moran's I 分析指示，红枫研究区三年的 Moran's I 分别为 - 0.0012、- 0.0455、- 0.0424，三个值均不能通过 Z 检验（$p \leqslant$ 0.05），表明红枫研究区在 2000 年、2005 年、2007 年的居民点空间分布总体上表现得较为分散。

从 2005 年和 2007 年红枫研究区的 LISA cluster 图（图 6.3）可以看出（均能通过 Z 检验（$p \leqslant 0.05$）的区域），两个时期的居民点空间相关情况差异不大，图斑部分位于低—高象限的有毛家寨村的里五上、里五下、后寨等三个组，落海村的背龙坡 1、2 组。图斑部分位于高—高象限的有簸箩村王家寨组和白岩村白岩组。和 2007 年相比，2005 年的 cluster 图更不容易识别居民点的空间相关性，且具有空间相关的居民点范围小于 2007 年。而 2000 年的居民点相关性非常小，难以识别能通过 Z 检验的 LISA cluster 图斑。

可见，红枫研究区在 2000 年居民点分布非常分散。经过几年的建设和发展，2005 年开始，毛家寨村、簸箩村、白岩村的居民点分布开始呈一定的集聚，并表现出一定的空间分布规律，其中毛家寨村的里五上、里五下、后寨等三个组，落海村的背龙坡 1、2 组居民点密度低于周围，而簸箩村王家寨组、白岩村白岩组是居民点高密度地区。到 2007 年，骆家桥村、芦获村居民点开始出现一定程度的聚集，其中羊昌组西部和芦获组西部的居民点密度较周围小。

6.1.3.2 垂直空间差异

如表 6.2 所示，从 2000 年到 2007 年，红枫研究区居民点在海拔 1250～1290 m 这一范围内分布最多。8 年间分布的规律大致相同，但有一定的变化。表现在整体居民点规模都有所增加，但各个海拔范围的变化不尽相同。在低海拔 1210～1250 m 区域内，居民点比重呈现逐年增加后又减少的趋势，可见低海拔区域居住空间正变得越来越有限；1250～1290 m 这一集中分布的范围所占比重有所增加，且居民点规模增加的幅度较大；在其他海拔范围内，随着海拔的增加，虽然分布的居民点逐年增多，所占的比重有所变化，但增加规模和所占比重变化的幅度均不大（图 6.4）。可见在红枫研究区，8 年来居民点规模得到了较大的发展，但人们选择居住点更趋向于条件好的低海拔区域；当居住空间有限后，居住点逐渐向海拔较高的区域蔓延。

表6.2　2000—2007年红枫研究区居民点面积在各高程的分布情况

单位:%

高程/m	1210~1250	1250~1290	1290~1330	1330~1370	1370~1410	1410~1450
2000年	19.15	64.23	10.48	5.92	0.23	0.00
2005年	21.59	64.63	9.50	4.89	0.39	0.00
2007年	21.27	62.83	9.99	4.87	1.03	0.00

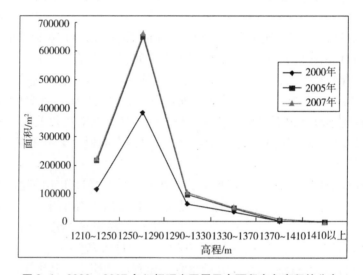

图6.4　2000—2007年红枫研究区居民点面积在各高程的分布

　　2000年以来红枫研究区的居民点主要分布在平坡地带,占一半以上;居民点规模虽然逐年增加,但增加幅度减少,且所占比重逐年有所减少,应是平坡居住空间有限导致的结果。在平缓坡、缓坡、较缓坡的居民点规模增加幅度不大,所占比重变化也小。但由于平缓地带居住空间的有限,居民点开始向坡度较高的地带蔓延,陡坡和较陡坡的居民点规模和所占比重都有所增加。到2007年,极陡坡也开始有一定比重的居民点分布。

　　2000年以来红枫研究区居民点以分布在无坡向地区即平坦地区和负地貌地区为主,但居民点所占的比重越来越少。可见随着居住空间的紧张,居民点开始向有坡度的山地地区蔓延,和前述的坡度分布规律一致(表6.3、图6.5)。

　　对于分布在有坡度地区的居民点,2000年以来各个坡向的分布变化显得杂乱且无规律可循。这毫无疑问印证了喀斯特地区地表地貌复杂、地方性小环境各异,居民点的分布情况较为复杂的特点(表6.4、图6.6)。

表 6.3　2000—2007 年红枫研究区居民点面积在各坡度上的分布情况

单位:%

年份	平坡	平缓坡	缓坡	较缓坡	陡坡	较陡坡	极陡坡
2000 年	59.74	23.71	10.97	4.35	1.12	0.11	0.00
2005 年	56.37	26.40	12.95	2.67	1.22	0.48	0.00
2007 年	55.54	25.90	12.90	2.48	1.44	1.10	0.63

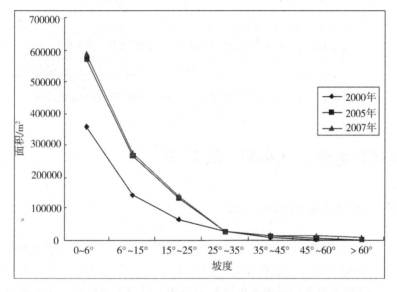

图 6.5　2000—2007 年红枫研究区居民点面积在各坡度上的分布变化

表 6.4　2000—2007 年红枫研究区居民点面积在各坡向上的分布情况

单位:%

年份	无坡向	北坡	东北坡	东坡	东南坡	南坡	西南坡	西坡	西北坡
2000 年	24.87	10.66	7.99	7.45	9.44	5.44	6.43	12.64	15.09
2005 年	23.20	6.32	8.49	14.07	11.69	8.51	6.91	11.70	9.10
2007 年	22.26	6.24	8.59	14.38	11.98	8.56	7.70	11.54	8.76

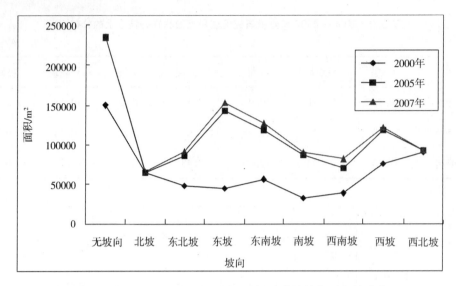

图6.6　2000—2007年红枫研究区居民点面积在各坡向的分布

6.2　人居环境演变：2000—2007年

6.2.1　石漠化和土壤侵蚀的变化

　　表6.5、表6.6列出了2000—2007年红枫研究区的石漠化、土壤侵蚀变化情况。从中可看出，自2000年以来，红枫研究区的石漠化和土壤侵蚀情况得到了一定控制并逐年好转。无石漠化土地面积呈现逐年增长的趋势，所占土地面积的比重也越来越大；潜在和轻度石漠化所占土地总面积呈下降的趋势，但不大稳定；中度石漠化在治理过程中得到了有效控制，并呈现稳定下降的趋势；由于刚开始石漠化治理技术落后，强度和极强度石漠化在最初的几年间未出现明显变化，但随着技术的发展，得到了有效的控制，并呈现下降的趋势。可见石漠化和土壤侵蚀情况正在得到改善，人居自然环境正朝着良好的方向发展。

表 6.5 2000—2007 年红枫研究区的石漠化情况

单位：km²、%

石漠化等级	2000 年		2005 年		2007 年	
	面积	占研究区土地比例	面积	占研究区土地比例	面积	占研究区土地比例
无石漠化	27.41	45.35	32.36	53.54	32.69	54.09
潜在石漠化	11.9	19.69	9.91	16.40	10.56	17.47
轻度石漠化	10.39	17.19	9.24	15.29	9.67	16.00
中度石漠化	7.34	12.14	5.53	9.15	4.38	7.25
强度—极强度石漠化	0.41	0.68	0.41	0.68	0.15	0.25
非喀斯特	2.99	4.95	2.99	4.95	2.99	4.95
合　计	60.44	100	60.44	100	60.44	100

资料来源：三个研究区 2000 年、2005 年、2007 年 ASTER、IRS、SPOT 5 卫星影像提取的土地利用和石漠化数据。

表 6.6 2000—2007 年红枫研究区的土壤侵蚀情况

单位：km²、%

石漠化等级	2000 年		2005 年		2007 年	
	面积	占研究区土地比例	面积	占研究区土地比例	面积	占研究区土地比例
无明显侵蚀	19.06	31.54	21.58	35.70	22.02	36.43
轻度侵蚀	16.66	27.56	14.68	24.29	14.87	24.60
中度侵蚀	14.05	23.25	13.95	23.08	13.91	23.02
强度侵蚀	7.42	12.28	7.34	12.15	7.26	12.01
剧烈侵蚀	3.25	5.38	2.89	4.78	2.38	3.94
合　计	60.44	100	60.44	100	60.44	100

资料来源：三个研究区 2000 年、2005 年、2007 年 ASTER、IRS、SPOT 5 卫星影像提取土地利用和土壤侵蚀数据。

第 6 章　贵州喀斯特地区人居环境演变

6.2.2 居住环境等级格局的变化

使用第 5 章中构建的具有相应结构、学习规则、权重和阈值的 BP 神经网络，将 2000 年、2005 年、2007 年红枫研究区 10 个行政村的调查数据整理，标准化后得到 56 项评价指标输入，通过训练，得到 2000 年以来红枫研究区各行政村居住环境综合评价值（表 6.7）。

表 6.7　红枫研究区各行政村居住环境评价值

村名	2000 年	2005 年	2007 年
白岩村	4.62	1.73	3.49
右七村	3.87	3.35	3.14
芦荻村	1.60	1.36	1.21
民联村	3.02	4.67	4.58
簸箕村	2.25	3.48	4.85
骆家桥村	3.90	3.46	3.72
高山堡村	4.34	2.07	3.59
洛海村	2.86	1.04	1.93
竹山村	4.71	2.76	1.02
毛家寨村	3.78	3.81	3.34

从表 6.7 和图 6.7 可以看出，2000 年以来居住环境综合发展越来越好的是民联、簸箕村，其余 8 个村 2000 年到 2005 年的综合评价值均有所下降。特别是竹山村和芦荻村，综合评价值逐年降低，在 2007 年达到最低值。白岩、洛海、高山堡和骆家桥四个村虽在前几年有所下降，但从 2005 年到 2007 年有所上升。毛家寨村则从 2000 年以来居住环境发展较好，但 2005 年以后开始有所下降。

可见，影响居住环境发展的因素非常多，每一个因素的变化都可能使居住环境平均值发生重大改变。因此在此使用 SPSS 软件将评价结果和标准化后的各评价指标作简单相关分析。Pearson 相关分析结果表明，影响 2000 年居住环境评价值的主要因素为使用的生活燃料、平均每户人口数，影响 2005 年居住环境评价值的主要因素为文盲半文盲人口比重，影响 2007 年居住环境评价值的主要因素为人均 GDP、人均农业产值、经济密度、经济区位熵、农业增长率、初中文化程度人口比重、小学文化程度人口比重、从事工副业劳动力比重。

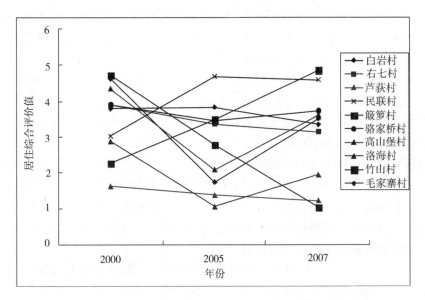

图6.7 2000—2007年红枫研究区行政村居住环境评价值变化

6.2.3 居住文化的演变

6.2.3.1 建筑文化的变化

  红枫研究区是比较典型的喀斯特高原盆地区，主要为汉族聚居地。红枫研究区现存的建筑见证了几十年来居住文化的变化，特别是近10年来建筑文化的变化可以在一定程度上反映贵州同类地区的变化规律。

  野外实地考察可见，在红枫研究区，住宅的建筑材料多为土墙草房、石墙石板房、高架木结构青瓦房。在房屋结构上，堂屋位于正中，设有神龛，用以供奉或祭祀祖宗。在盖新房的时候，遵循的风俗具有明显的地方特色，须请风水先生选择建房地点及动土吉日，动土和上梁的时候都要焚香、烧纸并举行敬神仪式或祭祀活动。现在，新建房屋基本为钢筋、砖、水泥材料的平房，房屋结构和以往不同，很多新建住宅已经取消了堂屋的设置或功能区分。虽然在建房时仍然会请风水先生看风水，但很多住宅的风水设置和风俗随着建筑材料和建筑风格的变化，已经被删减和逐渐同一化。

6.2.3.2 聚落文化的变化

  红枫研究区聚落文化的变化，在清镇、贵阳一带汉族聚居地区具有一定的代表性。在农业景观和农耕文化的变化上，新中国成立前，农作物大多一年一熟，农业景观单一，冬天土地尽显本色；新中国成立后，农业技术发展，可达到一年两熟。高原盆地的农业景观主要表现在耕种的农作物上，地势低洼的水田的农作物景观通常以油菜—水稻、小麦—水稻、绿肥—水稻套种为主，稍高的旱地的农作物景观以小麦套种玉米、土豆套种玉米、油菜套种玉米、玉米豆类间作为主。虽然几十年来，农作物景观大都以上述农产品为主交替演变，但由于耕作方式和农业技术的发展，以及为贵阳、清镇提供农产品的职能，红枫研究区聚落的农业景观变化趋向于为城市提供蔬菜和水果的农作物种植，且这种变化基本和周围地区一致。

红枫研究区位于贵州省中部地带，交通发达，入村道路路面质量较好，贯穿各个村寨，建筑的公路趋向性和居民的居住空间行为受交通的影响程度不大，村寨内部的交通反而受建筑布局的影响。两者相互制约，导致这一区域的聚落在形态上表现为总体集中，局部分散且沿交通线路呈带状、线状、散点状布局。因聚落形态的空间立体感不强，这一地区的聚落文化更显开阔和现代。

在生活方式的变化上，生活的点滴组成文化的内涵，微妙而需要真实地感受。作为中心城市，贵阳的城市生活文化通过各种方式渗透到红枫研究区居民的日常生活中。近10年来，红枫研究区传统的生活方式有的保留下来，有的完全消失。例如在居住出行方面，行政村驻地通常设有客运点，居民可方便地乘坐大巴，很多居民家庭使用摩托车为出行工具，并承担区域客运功能。生活燃料方面，过去以煤炭为主，由于煤炭资源紧缺，现多以电力为主。沼气虽在很多地方有所修建，但由于发酵材料不够，往往不能满足使用需要，且沼气池需要维护，村寨缺乏相关的技术人员，居民对沼气的态度是可有可无，造成旧沼气池荒废、新沼气池不能修筑的现象。

另外，在红枫研究区，由于劳动力外出务工，住宅的空心化和建筑空废化现象较常见。与其他地方空废化现象不同的是，这些空废的住宅多是外出务工者通过自己的积蓄修建的新型住宅，住宅所处位置较好，用料讲究，有的甚至装修特别，风格类似沿海城市的别墅，因居住者长期在外务工无人居住而空废，而有的甚至在建中空废。

6.3　红枫研究区人居环境演变的驱动机制

人居环境涉及住宅、聚落、人居环境三个层次，驱动因素涉及自然、社会和经济、文化等各方面。其中，人的力量已变成主导。

6.3.1　政府和政策

贵州独特的自然地理条件、脆弱的生态环境和因此导致的经济落后，特殊的社会环境，以及民族及文化的特色性，一直吸引着全国甚至是世界的关注。近30年来，中央和地方政府更是重视喀斯特生态系统的恢复和重建、民族和文化的保护和发展。

对于三个研究区，对人居环境较有影响的政策背景包括：国家"十五"、"十一五"规划纲要提出并重申的石漠化综合治理任务，以及《国家中长期科学和技术发展规划纲要》提出的优先主题——生态脆弱区域生态系统功能的恢复重建。在这个背景下，2008年红枫研究区所在的清镇市被纳入贵州省55个岩溶地区石漠化综合治理试点县（市）之一，并获得3000万元的实施经费。

6.3.2　科研人员和科技

在国家政策背景下，红枫研究区获得了来自以贵州省内科研单位为主导、联合国内和国外相关科研单位和科技人员的各种科学研究项目的关注。这些项目有：正在实施的国家"十一五"科技支撑计划重大课题"喀斯特高原退化生态系统综合整治技术与模式"（2006BAC01A09）、国家科技攻关计划课题西部专项"贵州清镇市喀斯特生态经济技术开发与示范"（2005BA901A06），已结题的贵州省跨世纪科技人才专项基金项目[（2000）9808]、贵州省国际科技合作计划项目[黔科合外字（2001）1103号]、贵州自然科学基金项目[黔科2000（3078）]、国家"十五"攻关项目（2001BA606A—09—03）等。涉及的科研单位有南方喀斯特研究院、贵州师范大学、贵州大学、贵州科学院等，以及来自意大利、斯洛文尼亚、日本等国家的大学、博物馆和科研单位。

在科技的支撑和科技人员的指导和参与下，红枫研究区在2002年获得了国家科技部先期投入的100万元进行建设，并取得了一系列成果：中—斯合作在研究区内实现了退耕还草1727亩，退耕还林5132亩，封山育林3500亩；研究区植被覆盖率在31.2%以上，水土流失得到治理，石漠化面积减少了3%以上；养殖家禽10万余只，养殖奶牛700余头；沼气能源生态建设修建沼气池1124口；种植优质作物高产示范5500亩、优质稻米生产示范500亩，种植双低油菜500亩、脱毒马铃薯100亩，实施现代化设施农业示范200亩（熊康宁 等，2007）。随着相关石漠化综合治理科技项目的继续拓展与完善，以科技支撑和科研人员指导为导向，研究区居民积极参与，共同协作，发展示范效应为动力，实现生态恢复和社会经济发展为目标的喀斯特生态系统整治技术和模式正成为红枫研究区人居环境得到改善和发展的积极推动力量。

6.3.3　居民和居住空间行为

6.3.3.1　居住的空间行为

近10年来，红枫研究区居民的居住空间行为主要体现在居住空间演变方面，包括居民点的空间延伸和居住范围的扩大；居民点沿交通线路集中，特别是交通十字路口区域开始集聚大量人口并从事非农业行业；居民点先向平缓地区的山脚或缓坡地带集聚，再慢慢向较高海拔和较高坡度地区逐渐蔓延；住宅趋向村庄外围；旧住宅空废化。

6.3.3.2 居民居住行为的驱动力

导致居住空间变化的原因主要是居住人口增加（表6.8）、用地趋紧以及农民择居、迁居等。

表6.8 2000—2007年红枫研究区各行政村人口

单位：人

村名	2000年	2005年	2007年
白岩村	1140	914	916
右七村	1493	1748	1757
芦荻村	1274	1327	1328
民联村	1823	1743	1750
簸箩村	2181	2241	2244
骆家桥村	1859	1838	1842
高山堡村	1695	1770	1772
洛海村	1034	995	998
竹山村	982	1054	1058
毛家寨村	2098	2181	2187
合计	15579	15811	15852

资料来源：根据在南方喀斯特研究院收集的2000年、2005年、2007年研究区社会经济调查及人口数据整理。

人口增加和用地趋紧是相互关联的两个因素，而居民择居、迁居作为聚落居住空间变化的主要因素，其行为的驱动力量值得探讨。

通过实地调查和问卷统计分析可知，导致红枫研究区居民迁居的因素主要有四个：

（1）对居住环境不满意。在不满意的居住环境中，交通不便占56%，环境污染占23%，人口拥挤占16%，而环境破坏、用水用电不方便等因素所占比重较低。实际调研中可以看出，红枫研究区已经是喀斯特高原上交通较为方便的地区，但是很多村寨的入村道路仍然因为路面窄、路况不好而影响经济生产和生活，且各村之间的公路连通性不是很好。另外，在走访中了解到，有居民甚至愿意迁居到高速公路旁边，特别是公路的十字路口区域。可见交通仍然是红枫研究区居民点空间取向的主要因素。

（2）经济因素。对于影响居民择居和迁居来说，家庭经济因素最为重要。一般家庭收入增加后，喀斯特地区特别是农村地区的居民倾向于盖新房，普遍要将方便生产和生活的因素考虑在内。改革开放30多年来，越来越多的农村居民从事非农行业，农村居民外出务工已经成为普遍现象。入户调查的资料显示，红枫研究区居民收入的主要来源是农业收入和务工收入（表6.9），而收入除了用于日常开支和教育费用外，通常储蓄来盖房子。调查结果显示，收入越高，表现的居住空间迁移意愿越强烈，其迁居的范围和能力都较强。

表6.9　2000—2007年红枫研究区各村居民收入来源

单位：%

村名	2000 年		2005 年		2007 年	
	务工收入占 GDP 比重	农业总收入占 GDP 比重	务工收入占 GDP 比重	农业总收入占 GDP 比重	务工收入占 GDP 比重	农业总收入占 GDP 比重
白岩村	19.11	67.67	3.94	22.11	28.18	29.00
右七村	33.61	66.39	62.78	32.83	57.99	38.03
芦荻村	13.83	86.17	30.35	64.02	20.44	64.52
民联村	7.43	92.57	52.45	44.55	49.42	47.31
簸箩村	13.49	86.51	6.59	91.13	14.95	81.49
骆家桥村	6.24	93.76	15.74	82.74	12.12	85.90
高山堡村	17.01	82.99	82.30	17.52	80.56	19.26
洛海村	51.44	48.56	52.32	47.13	52.63	46.66
竹山村	18.11	81.89	56.36	43.46	29.33	70.58
毛家寨村	54.18	45.82	52.00	44.83	49.97	46.88
合计	25.88	72.42	47.17	44.02	41.25	52.08

资料来源：根据在南方喀斯特研究院收集的2000年、2005年、2007年研究区社会经济数据及野外调查整理。

（3）家庭因素。家庭小型化是目前喀斯特地区农村存在的一个趋势，也是经济逐渐发展条件下农村社会发展的必然。当子女成家立业后不再愿意且有条件不和父母居住时，一个大家庭变为两个以上的小家庭就很常见。年轻人往往因外出务工，深受城市文化的影响，也将是否有新房作为嫁或娶的条件。原来的居住地显然不能满足新家庭的居住空间需要，多数居民也选择新宅基地建房。在调查中发现，家庭因素中，因结婚而择居和迁居的占35%，因分家而择居和迁居的占26%。而家庭大型化，即接父母同住或

157

兄弟姐妹同住的现象很少见。

（4）传统意识。调查中发现，喀斯特地区居民择居和迁居仍然受传统意识束缚较深，表现在四个方面：一是爱面子，过得比别人好的表现就是盖新房，而在盖新房的时候普遍存在攀比心理；二是对宅基地的认识，通常大部分居民绝对不允许外人侵占自家的地基，因此有迁居需求的居民通常会另觅新宅基地；三是大部分居民还遵循"树挪死，人挪活"的古训，建新房迁居也是家庭的主要目标，导致旧建筑空废化；四是受传统习俗和风水思想的影响，在遇到困难时会归咎为住宅风水问题。综合这些传统意识因素，喀斯特地区的居民择居和迁居行为常有发生，并影响着聚落的空间格局。

本章小结

本章就居民点——聚落空间结构的重要研究方面进行不同年度的演变分析。2000—2007年红枫研究区人居环境的演变具有较显著的规律。在聚落的演变上，8年来人口重心明显南移，住宅建筑重心先向西南移动，再向东北移动。居民点规模逐年增大，年均增长率为6.53%，研究区内各个行政村的居民点在数量上和面积上都有所增加，且增幅空间差异明显，以研究区南部、东部、中部居民点增长较快。在聚落演变的水平空间差异上，聚落形态变化明显，居民点形状越来越不规则，分布越来越聚集，景观格局不断趋于复杂；但到一定程度后，景观的复杂性和多样性情况不一定继续增加。垂直方向上，红枫研究区8年来居民点规模得到了较大的发展，但各个海拔范围的变化不尽相同，低海拔区域内居民点比重呈现逐年增加然后又减少的趋势；当居住空间受限后，居民点逐渐向海拔较高的区域蔓延。坡度上，由于平缓地带居住空间有限，居民点开始向坡度较高的地带蔓延，陡坡和较陡坡的居民点规模和所占比重都有所增加；到2007年，极陡坡都开始有一定比重的居民点分布。2000年以来红枫研究区居民点以分布在无坡向地区即平坦地区和负地貌地区为主；对于分布在有坡度地区的居民点，各个坡向的分布变化显得杂乱且无规律可循。

在人居环境的变化上，自2000年以来，随着喀斯特生态恢复工作的进行，影响贵州喀斯特高原人居环境的两个重要因素——石漠化和土壤侵蚀情况正在得到改善。由于评价指标的多样性和各个指标的影响力和贡献度不同，各个行政村居住环境综合评价的空间差异和变化各不相同。居住文化方面，住宅建筑文化、聚落文化都发生了一定的变化，居住文化的地方性和传统特色正在消失，现代特色正在增强。

导致聚落变化和人居环境变化的驱动力较为复杂，但人的主导性突出，其中政府和政策、科研人员和科技、居民和居住空间行为是人居环境演变的重要驱动因素。

第7章　贵州喀斯特地区人居环境
空间格局及演变过程

本书选取的三个研究区是典型的喀斯特地貌区，它们实质上可以代表不同演变阶段的喀斯特地貌。本章在前述研究基础上，通过对比分析，总结贵州喀斯特地区人居环境空间格局及演变过程。

7.1　喀斯特人居环境空间格局

高原和峡谷是贵州高原两大基本地域单元（高贵龙 等，2003），贵州高原地表地貌类型从高原到峡谷，呈现出峰林盆地→峰林谷地→峰丛洼地→峰丛峡谷的组合地貌逐类区带分布（高贵龙 等，2003）。可见，研究选取的三个典型地貌区基本能代表喀斯特高原地貌和自然地理环境的空间格局。

结合前述第3章至第5章的研究结果显示，喀斯特地区人居环境空间格局与喀斯特自然地理环境特别是地貌空间格局息息相关，因此三个研究区人居环境空间格局特点基本能代表贵州喀斯特高原人居环境空间格局特点。

7.1.1　三种空间格局模式

7.1.1.1　喀斯特高原盆地区

喀斯特高原盆地区是贵州高原自然环境最好的区域，地貌以峰林盆地、峰林洼地、峰林谷地和溶丘台地等峰林组合地貌和溶原型组合地貌为主，自然环境差异小，河流和水网密布，农业条件好，土地利用合理，是喀斯特地区的人口集中地。其人居环境的空间格局特点为：

住宅综合整体水平最高，住宅空间差异最小；

聚落规模、聚落密度适中，且聚落空间差异最小；

复杂的喀斯特高原盆地地形以及湖泊水系对居民点的分割导致居民点数量最多，部分聚落个体规模稍小，聚落形态较复杂；

聚落在水平空间分布上整体向住宅建筑重心集聚，局部呈现不同程度的集聚，以半集聚、集聚型聚落为主；

在垂直空间上，聚落主要分布在海拔较低的平缓地形区特别是盆地和负地貌中，且随着海拔和坡度的增加而减少，而在坡向上的分布既遵循一定的规律又显得复杂；

主要农业用地类型的景观格局指标都处于较为合理的层次，石漠化和土壤侵蚀问题相对较轻，农业条件和居住自然条件相对优越；

各土地类型主要集中分布在地势平坦的平坡地带，呈现在某个海拔范围内分布的面积达到最多后随着海拔的增高逐渐下降的趋势，且随着地形坡度的增加，分布面积逐渐减少；

长期的文化冲突和融合下，很多特色居住文化正在或已经消失；

风水空间差异较小，有特色风水格局的地方不多；

喀斯特地区人居环境综合评价总体水平较高。

可见，高原盆地区地势平坦开阔，居住条件最好，住宅总体水平最高，人口适中，聚落在一定程度上集聚并占据条件较好的盆地地区，区域内部差异性小，聚落发展好，是较为适宜人居的地区。

7.1.1.2　喀斯特高原山地区

喀斯特高原山地区喀斯特地貌广泛发育，集山地、丘陵、谷地、洼地于一体，以峰丛型和溶丘型组合地貌为主，自然环境差异稍大，河流较多，农业条件一般，土地利用合理程度稍差，是喀斯特地区的人口集中地。其人居环境的空间格局特点为：

住宅综合水平最差，住宅空间差异较大；

聚落规模、聚落密度都最大，聚落空间差异一般；

人口最多，但居民点数量最少，因此聚落个体规模大，居住用地趋紧矛盾比较突出，聚落形态最复杂；

聚落在水平空间分布上整体向人口重心集聚，局部呈现不同程度的集聚，以半集聚、集聚型聚落为主；

在垂直空间上，聚落主要分布在具有一定海拔高度的喀斯特谷地、洼地以及半山平缓处，且随着坡度的增加而减少，而各坡向的聚落分布情况无规律可循，分布情况复杂；

地形相对复杂，旱地等重要的农业用地类型所占比重大，景观格局指数也较复杂，石漠化和土壤侵蚀情况较盆地区严重，农业条件和居住自然条件相对也较差；

各类型土地分布在高程、坡度和坡向上较为复杂，分布的范围、峰值、分布规律都有所不同；

长期的文化冲突和融合下，很多特色居住文化正在或已经消失；

个体风水空间格局较大，显"山来水去"的以山水为核心的整体风水空间格局，整体风水空间差异较小；

喀斯特地区人居环境综合评价总体水平较低。

可见，高原山地区综合地理环境稍差，区域自然地理环境差异性大，居住条件稍差，住宅、聚落的内部差异性也较大。人口过多，居住用地趋紧导致居住环境差。

7.1.1.3 喀斯特高原峡谷区

喀斯特峡谷是喀斯特高原峡谷区的典型景观，海拔差异大，地形复杂，常见的组合地貌随峡谷地形交替分布，盆地、谷地、洼地等影响聚落分布的负地貌均较为小型，自然环境差异很大，河流深切，生态环境脆弱，农业条件很差，土地利用不合理，人口分散。其人居环境的空间格局特点为：

住宅综合整体水平较低，住宅空间差异最大；

聚落规模、聚落密度都最小，且聚落空间差异最大；

人口数量少，居民点数量也较少，聚落个体规模小，居住最为分散，优势聚落不明显，以分散型聚落为主，聚落形态最为简单；

聚落在水平方向上不集聚；

在聚落垂直空间分布方面，垂直差异特别大，分布情况复杂且特殊是其主要的特点，聚落主要分布在一定海拔的平坡和平缓坡地带，但并不随海拔的增加而减少，相反呈现出复杂的规律，且各个坡向上的分布情况较为复杂，带有明显喀斯特峡谷特点；

地表破碎，各土地类型景观破碎，分布最为复杂，土壤侵蚀和石漠化最为严重，自然条件和农业条件最差；

各土地利用类型分布所跨海拔高程范围大，在高程、坡度和坡向上的分布最为复杂；

保留了很多具有明显地域特色特别是民俗和民族特色的居住文化；

个体风水空间格局小，整体风水空间格局差异大，各个聚落的风水空间格局具各自不同的特点，且风水传统保持至今；

喀斯特地区人居环境综合评价总体水平较低。

高原峡谷区生态环境最为脆弱，高原和峡谷的两大地形特点和众多地表地貌组合形态表明，无论在水平空间层次还是垂直空间层次，高原峡谷区都是三个典型地貌区中自然环境差异性最大的区域，相应的住宅和聚落空间结构差异性最大，且居住条件受限制，人居环境急需治理和改善。

7.1.2 喀斯特人居环境空间格局特点

7.1.2.1 喀斯特地区人居环境总体空间格局特点

喀斯特地区人居环境总体空间格局特点为：

（1）喀斯特地区住宅的分布受自然地理环境特别是喀斯特地貌的影响很大，住宅主要分布在喀斯特盆地、洼地、谷地等负地貌和溶丘、溶原、峰丛等正地貌，并随着喀斯特地表地貌和组合地貌的形态表现出一定的空间分布特点和规律，构成聚落的基本形态。

（2）喀斯特地区聚落的空间格局和喀斯特地貌息息相关，聚落的规模、形态、密度和空间分布规律特点显著。相对于其他非喀斯特地貌类型区而言，喀斯特聚落规模小且分布分散，集聚、半集聚和分散型聚落均有分布。由于喀斯特地貌的复杂性，一般来说，居民点规模越大，聚落形态越复杂。

（3）垂直空间分布是喀斯特人居环境空间格局的一大特点，且随着喀斯特地表地貌类型的不同，聚落和各类土地利用景观在各喀斯特地貌类型区的分布具有不同海拔、坡度和坡向上的特点。这表现出三种垂直空间分布模式：①高原盆地区住宅和聚落集中分布在海拔较低的平缓地形区特别是盆地和负地貌中，且随着海拔和坡度的增加而减少，在坡向上的分布既遵循一定的规律又显得复杂。各土地类型主要集中分布在地势平坦的平坡地带，呈现在某个海拔范围内分布的面积达到最多后随着海拔的增高逐渐下降的趋势，且随着地形坡度的增加，分布面积逐渐减少。②高原山地区住宅和聚落主要分布在具有一定海拔高度的喀斯特谷地、洼地以及半山平缓处，且随着海拔和坡度的增加而减少，在各坡向的分布情况无规律可循。各类型土地分布在高程、坡度和坡向上较为复杂，分布的范围、峰值、分布规律都有所不同。③高原峡谷区住宅和聚落主要分布在一定海拔的平坡和平缓坡地带，但并不随海拔的增加而减少，相反呈现出复杂的垂直分布规律，且各个坡向上的分布带有明显的喀斯特峡谷特点，较为复杂。各土地利用类型分布所跨海拔高程范围大，在高程、坡度和坡向上的分布最为复杂。

（4）喀斯特地区住宅、聚落、人居环境的空间格局与区域自然地理环境差异有密切联系：自然地理环境越好，自然地理环境差异性越小，住宅和聚落的总体情况就越好，人居环境也越好；自然地理环境差异性越小，住宅、聚落和人居环境的空间差异性就越小。

（5）喀斯特地区人居环境不仅受自然因素的影响，还受社会经济条件和文化环境等人文因素的影响。在本研究中，生产力和人口是体现出来的两个主要因素，其中生产力决定着喀斯特山区住宅的功能变异，以至于空间的重新构架，形成特定的住宅社会空间特质。人口则成为影响住宅总体水平的关键因素，人口过多致使居住用地趋紧，住宅水平下降，人居环境变差，从而影响人居环境空间格局。

（6）喀斯特地区的人居环境还与居住文化环境密切相关，并随着地域的差异有着各自的特点。在贵州喀斯特高原，民俗特色居住方式、民族特色民居等方面是居住文化的特色，这种特色随着喀斯特地貌类型的不同具有不同的地域特点。而当地居民的居住环境观、互助的社会环境氛围、同宗同姓的宗族发展情况等既有相同之处，也随着地域的差异有着各自的特点。与生存和生活密不可分的农业文化景观以及生活方式导致的聚落文化景观也因地域的不同而不同。

（7）居住的风水空间要素在喀斯特地区随着地貌的不同呈现不同的空间格局特点，风水空间格局的整体情况及内部差异与区域喀斯特地貌的空间格局特点一致。

（8）居住文化对人居环境的影响虽不能全面评价，但其空间规律却清晰可循：喀斯特地区居住文化景观的特点和区域经济发展程度成反比，经济发展越好，生活条件越好，居住文化就越容易受现代文明的冲击，居住景观特色就越容易丧失，人居文化环境在空间上越趋同。因而，如何在发展人居环境中寻求地方居住文化并保留和发展，也是人居环境评价和人居环境优化重要的研究内容。

（9）对喀斯特典型地貌区人居环境的综合评价结果显示，喀斯特地区环境的宜居程度与区域综合地理环境紧密相关，并与从空间角度对喀斯特地区人居环境空间格局进行综合研究的结论基本一致。

7.1.2.2 喀斯特地区人居环境具体空间格局特点（三个典型地貌区对比分析）

从三个典型地貌区对比分析可以看出，喀斯特地区人居环境具体空间格局特点为：

（1）喀斯特典型地貌区的区位条件、自然环境、社会经济发展情况等区域综合地理环境有所差异，大体上居住地理环境背景条件优劣的规律为高原盆地区＞高原山地区＞高原峡谷区。区域内部自然地理环境的差异特别是地貌的差异性规律则恰好相反。

（2）喀斯特地区住宅总体水平高低分布的规律为高原盆地区＞高原峡谷区＞高原山地区，区域内部住宅总体条件差异的规律为高原峡谷区＞高原山地区＞高原盆地区。

（3）喀斯特地区聚落空间格局为：规模上，人口规模和居民点用地规模分布规律为高原山地区＞盆地区＞峡谷区，而区域内部聚落规模差异的分布规律是高原盆地区＞山地区＞峡谷区。密度上，人口密度和住宅密度的分布规律均为喀斯特高原山地区＞盆地区＞峡谷区，而在区域内部又存在着明显的差异。形态上，除拥有几类平面形态之外，喀斯特地区聚落形态与居民点的规模之间存在一定的比例关系，居民点规模越大，居民点形态越复杂，即聚落形态复杂程度的规律为喀斯特高原山地区＞盆地区＞峡谷区。空间分布上，水平方向上，聚落集聚程度分布的规律为高原盆地区＞高原山地区＞高原峡谷区，区域内部聚落空间分布的差异性则刚好相反；垂直方向上，三类地貌区聚落主要分布在海拔较低、坡度较缓的平缓地形区和负地貌中，且随着海拔和坡度的增加而减少，在坡向上的分布则较为复杂，并在各个地貌区有着不同的分布特点。总的来说，区域内部聚落空间格局差异程度在垂直方向上的规律与水平方向上的一致，即高原峡谷区＞高原山地区＞高原盆地区。

（4）喀斯特地区住宅、聚落的空间分异和区域综合地理环境的关系有三个规律：住宅总体水平的优劣、聚落的集聚程度以及与集聚程度相关的聚落规模的差异与区域居住地理环境背景条件优劣的规律一致，即喀斯特高原盆地区＞高原山地区＞高原峡谷区；各典型地貌区域内部住宅条件的空间差异、聚落的空间差异，以及聚落在水平和垂直方向上分布的空间差异，与区域自然地理环境的差异性特别是地表地貌及地貌组合的差异性规律一致，即喀斯特高原峡谷区＞高原山地区＞高原盆地区；聚落的规模、密度大小以及聚落形态复杂程度的规律为喀斯特高原山地区＞高原盆地区＞高原峡谷区，与区域人口发展密切相关。

（5）喀斯特地区的土地利用空间格局十分复杂，土地利用类型结构差异明显，土地利用合理程度与农业条件优劣程度的规律为高原盆地区＞山地区＞峡谷区。在土地利用的水平空间格局方面，主要的农业用地类型景观格局破碎和复杂程度与地貌的空间特点有一致性，即高原峡谷区＞高原山地区＞高原盆地区；在垂直空间格局方面，高程、坡度、坡向上的土地利用类型分布规律分析都表明土地利用类型垂直分布空间差异与区域自然环境差异的规律一致。

（6）石漠化和土壤侵蚀是威胁喀斯特高原人居环境的两大生态环境问题。喀斯特地区的石漠化和土壤侵蚀情况随着自然环境特别是地貌环境的差异而不同，基本规律为喀斯特高原峡谷区＞高原山地区＞高原盆地区。

（7）喀斯特地区居住文化环境特色强弱的规律为喀斯特高原峡谷区＞高原山地区＞高原盆地区。

（8）喀斯特地区居住环境的风水空间格局是人居环境的自然因素和人文因素有机结合而成的。从自然地理环境特别是地貌学的角度来看，三类地貌区的风水空间要素均有着各自的空间格局特点。从个体的风水空间格局来看，喀斯特高原峡谷区的个体风水空间格局最小，与区域地貌组合空间格局较小的自然环境特点相一致；高原山地区稍大；高原盆地区由于地形开阔，其个体风水空间格局最大。风水空间格局的区域内部差异与自然环境特别是地形地貌的差异一致，即区域内部居住环境风水空间格局的差异性大小为高原峡谷区＞高原山地区＞高原盆地区。因此，喀斯特峡谷地区的居住风水空间格局也最具传统风水文化的特点和地方特色。

（9）构建喀斯特地区宜居指数，依此对行政村尺度的三个研究区居住环境综合评价结果显示，人居环境条件最好的区域是高原盆地区，高原山地区和高原峡谷区稍差。这与本书对于喀斯特地区以住宅、聚落为核心的人居环境空间基本格局及其与区域综合地理环境的关系的研究分析结论相符合。

7.2 喀斯特人居环境空间演变过程

喀斯特地貌的发育演化过程中，在内营力和热带、亚热带环境特征的外营力共同作用下，贵州高原经历了山地—盆地形成、峰林—峰丛发育和高原—峡谷形成三个发育阶段（高贵龙 等，2003），形成了现代喀斯特高原地形地貌格局。据研究显示（杨明德等，1989；1998；林树基、刘爱民，1985；熊康宁，1996），第四纪以来贵州的地形格局基本奠定，而现代喀斯特地貌基本是由中更新世以来以流水作用加强亚热带喀斯特化的地貌演化形成的。可见，从贵州喀斯特高原地貌发育演变的规律和人居环境的演变联系来看，人居现象的出现远远落后于现代喀斯特地貌的形成时期。因此，虽然人居环境的变化对喀斯特地貌产生一定的影响，但受喀斯特地貌空间格局决定的喀斯特人居环境的演变过程和现代喀斯特地貌的空间演变没有成因上的联系。尽管如此，贵州高原的喀斯特地貌空间格局仍然是喀斯特人居环境演变的基础。

喀斯特人居环境的演变过程为：

（1）从前述几章喀斯特住宅、聚落、人居环境的空间格局和本章人居环境的演变分析来看，不难发现，人居现象首先在自然条件较好的、适合居住的喀斯特盆地、谷地、洼地产生，并逐渐集聚；当聚落达到一定规模后，再逐渐向条件稍差的地貌区蔓延。因此，喀斯特人居环境的空间格局演变过程的规律基本为：喀斯特高原盆地→喀斯特高原山地→喀斯特高原峡谷。

（2）在水平方向的演变上，住宅逐渐增多，聚落规模逐年增大，聚落由分散型聚落向以集聚型、半集聚型为主的聚落演变，聚落形态越来越复杂，居民点形状越来越不规则。

（3）在垂直方向的演变上，住宅首先占据地形平坦和平缓的低海拔、无坡度或坡度小的地区，且居民点比重逐年增加，聚落规模逐渐增大。当居住空间受限后，居民点逐渐向海拔较高、坡度较高的区域蔓延。而由于地形的复杂和喀斯特地表地貌的特殊性，在各个坡向上的人居环境空间格局和演变过程都较为复杂。

（4）喀斯特地区的居住文化在经济发展和现代文明的冲击下，正在逐渐丧失其地方特色，而居住风水空间随着居民对风水和传统文化的认识逐渐发生变化，这种变化有待继续深入研究。

（5）喀斯特地区人居环境演变过程的复杂程度和空间格局密切相关。从高原盆地区、高原山地区、高原峡谷区的人居环境空间格局来看，格局越复杂，演变过程越复杂。

本章小结

基于第 2 章从地理空间角度构建人居环境研究的理论基础及研究模式，第 3 章至第 5 章三个贵州高原典型喀斯特地貌类型区住宅—聚落—人居环境空间格局以及第 6 章高原盆地区 8 年人居环境演变过程的研究分析结果，本章就喀斯特地区人居环境的空间格局和演变进行总结性论述。

第8章 贵州喀斯特地区居住环境空间优化

本章在前述对贵州喀斯特高原典型地貌研究区住宅、聚落、人居环境的空间格局和演变过程研究基础上，以喀斯特脆弱生态环境的治理和恢复为背景，针对喀斯特人居环境中突出的问题，以保护人居环境地方特色、空间自组织模式、优化人居环境为主要目标，从研究区住宅、聚落、人居环境三个空间层次入手，进行居住环境空间的优化研究。

本章主要基于生态的理念，并参考《中华人民共和国城乡规划法》、《村镇规划标准》（GB 50188—2007）、《村庄整治技术规范》（GB 50445—2008）、《村镇规划卫生标准》（GB 18055—2000）进行。

8.1 基于生态的优化原则和目标

喀斯特地区是生态环境极其脆弱的地区，基于生态理念的居住环境空间优化就是要遵循和尊重自然过程，将居住行为对生态环境带来的冲击进行全面衡量，在提高生态环境质量的基础上提高居住环境质量，并对存在的问题进行纠正，实现居住环境空间的优化。可以说，生态在居住环境优化中是居于第一位的，是立足点和基本点。

第二，喀斯特地区人居环境的空间自组织格局以及地方居住文化空间也是重要方面。现有的居住空间格局是经过人和自然长期相互适应的过程演变而来，所产生的居住文化景观具有时代特点和地域基因，尊重和保护在优化工作中非常重要。

第三，根据本研究的思路，居住环境的空间优化要以人居环境的空间层次为不同规划设计对象，因而优化的空间层次为喀斯特地区住宅—聚落—人居环境。

第四，要针对目前人居环境存在的突出问题，结合喀斯特生态脆弱环境的治理和恢复工作进行。

第五，在经济发展与环境协调的基础上适当发展经济。

第六，努力保护和优化居住的社会空间，特别是和谐社会的营造。

第七，居住环境空间的优化离不开居住的主体——当地居民，因而，社区参与、居民参与将是最主要的工作形式。

基于以上原则，本研究对居住环境空间优化的目标为：基于对生态环境的保护和治理，对居住环境空间自组织模式及地方居住文化景观进行保护，实现人居环境的优化。

8.2 住　宅

喀斯特地区传统生态观是居民与生俱来的尊重自然、尊重环境的意识，贵州多山地丘陵，住宅建设上力求背山面水，负阴抱阳，根据不同地形进行合理布局，实现人与自然环境的和谐相依。因而，许多贵州的传统民居经过长期演变仍蕴涵着丰富且朴素的生态理念。

8.2.1　导向

根据本研究显示，喀斯特地区住宅的建筑特点、空间分布、空间差异与喀斯特地区自然条件密切相关，具有强烈的区域特点。基于此，本章在喀斯特地区住宅的空间优化上主要考虑以下几个方面：

（1）充分尊重喀斯特地区地表地貌及组合地貌空间格局下的住宅空间特点；

（2）基于地域建筑传统和风格，按照新建筑改进、旧建筑改造、古建筑保护的原则进行；

（3）住宅选址和建造充分尊重当地居住文化和风水传统；

（4）注重对住宅社会空间文化特质特别是风水空间格局的保护；

（5）以院落空间结构的设计和空间营造为出发点；

（6）努力保持现有的住宅丰富的社会空间层次；

（7）不以平衡区域住宅水平的差异为优化目的；

（8）提高和改善住宅居住环境。

就本研究的三个典型地貌区来看，高原盆地区地形平坦，居住水平较高，应以保护和优化现有住宅的总体空间布局为主。高原山地区地形起伏，人口众多，居住用地趋紧，卫生落后，居住条件较差，居住特色不突出，为解决突出的居住问题，可规划建设新型居住小区。高原峡谷区地形差异大，生态环境脆弱，居住自然条件落后，由于地形条件限制，不适于集中规划建设居住小区。居住地域文化较具特色是该区域的重要特征，结合当地政府移民失败的经验以及自然条件的限制，应在保护原有居住文化的基础上，以改造和改进现有住宅条件为主进行人居环境优化。

8.2.2　院落空间结构优化

根据实地调研获得的喀斯特地区住宅的建筑特点，可得出构成喀斯特地区院落空间结构的要素为：以居住主体建筑为主，生产和生活设施为辅的院、宅、厨、厕、浴、圈等几个空间要素的组合和优化，进行院落空间结构的设计。

如第3章所述，喀斯特地区住宅与喀斯特地表地貌特别是组合地貌的空间结构密切相关，一般分布在盆地、洼地、谷地和地形较为平缓的山地中，在区位上趋于耕地、水源地、交通沿线附近，结合当地居住文化中特有的宅基地意识和风水择居传统，喀斯特地区住宅的位置具有强烈的个性。

就各个空间要素在院落中的位置和布局来看，比较合理的方式应为：

（1）院。院落入口位于院落的东南角或正前方，有利于阻挡冬季的西北风和引进夏季的东南风。入口可有道路或门廊设计，以保障家庭生活的安全性和私密性。院内坝子一般选用水泥地面，便于晾晒农作物。

（2）宅。居住主体建筑由堂屋、卧室、贮藏室构成。根据喀斯特地区住宅的普遍特点和当地居民的生活方式，堂屋一般位于中间，卧室在堂屋西邻，贮藏室或儿女的卧室在东邻。对于住宅的朝向问题，如前所述，由于地形地貌的特殊性，喀斯特地区的住宅不讲究必须朝南，但是背山和面水是最主要的特点。

（3）厨。厨房位于东北角，厨房和厕所在院落内保持直线距离最远，有利于卫生和健康。

（4）厕。厕所位于院落的西南角，紧贴西墙建造。

（5）浴。可和厕所组合建设。

（6）圈。猪圈、鸡舍等牲畜养殖圈等位于西南角，和厕所分开。

以上布局方式较为普遍，但就本研究的三个典型地貌区来看，各聚落的院落空间布局又具有不同的特点。高原峡谷区以独院式院落为主，大部分院落的位置和布局基本按上述原则进行。高原山地区居住用地趋紧，组合院落较多，组合院落的空间结构和功能分区都较为杂乱，院落空间格局优化的难度比较大。高原盆地区农业条件发达，居住方式正在随之变化。例如羊昌洞地区，由于畜牧业发达而将牲畜统一圈养，使得居住环境更卫生，院落的空间布局也随之变化。

8.2.3　空间生态及生产功能

喀斯特地区脆弱的自然环境对住宅影响很大。长期以来，依靠自然，顺应自然，在发挥住宅的生活功能上拓展生产功能是喀斯特地区人民勤劳和智慧的体现。本研究根据喀斯特地区长期的居住特色，结合生态设计的理念，得出以下喀斯特地区住宅的生态—生产模式。

住宅的生态—生产模式以"住宅生产—能源循环—环境优化"为基础，在保护和优化生态环境的基础上，从满足生活需要，解决农村生活能源问题出发，既增加收入多样性，发展住宅经济，又美化景观，优化人居环境。

住宅生产是利用住宅空间要素的功能，以住宅种植和住宅养殖为主，发展庭院经济。住宅种植主要利用房前屋后土地进行果树、蔬菜种植，既满足自身需要，又增加收入多样性。住宅养殖主要基于喀斯特地区长期住宅养殖的特点和优势，配合农村沼气建设工程，以养殖生产和改善人畜住宅共居所产生的环境问题为主要目的。

能源循环主要为两方面的内容，一方面为水循环和节约，另一方面为沼气建设。水循环和节约主要是根据喀斯特地区地表水缺乏的实际情况，以及为解决以分散型聚落为主的农村地区无自来水或取水不方便问题而进行的生态节水和水源保护，并实现的居住条件优化。其主要方式为：屋顶集水—水窖蓄水—人畜饮水、生活和生产用水。沼气建设即与居民生活的厕所、厨房与生产养殖的牲畜圈栏配套建设，形成人畜粪便—沼气—生活燃料的生产和使用。水循环和节约与沼气建设可配套进行，形成更为高效节能的生态循环。

在住宅生产和能源循环的基础上，通过住宅种植美化景观，规范清洁的养殖方式，提高卫生条件，进行水循环和沼气建设，可实现更为方便的居住而达到居住环境的整体优化。

就本研究的三个典型地貌区来看，由于自然条件不同，以上住宅的生态—生产模式应该根据地域特点而有所不同。红枫研究区水资源丰富，自来水管道建设完善，居住条件较好，很多地方的牲畜已经实现和住宅分离而集中养殖的方式，且在调研中发现已建沼气池的利用率不高，居民修建沼气池的积极性低下，生活燃料以煤电为主，因而"住宅种植—集中养殖"模式更为适合；鸭池研究区由于人口众多，居住用地趋紧，人居环境矛盾突出，上述模式运用起来有较大难度，用地适宜的地方可按照移民的方法选择新址进行居住小区规划和建设，并对不迁入居住小区的独立院落、组合院落进行改造和优化；花江研究区以独立院落为主，加上生态环境脆弱，缺水是较大问题，可充分利用"住宅种植—住宅养殖—能源循环"模式。

8.3　聚　落

8.3.1　适度的聚落规模

如第4章所述，本研究的聚落规模主要包括聚落人口规模和居民点或居民住宅用地规模，这两个规模在何种情况下属于适度是一个较为复杂的问题。就适度人口和人口容量研究的相关理论和方法以及人地关系地域系统长期发展的历史过程来看，适度规模涉及自然环境、社会系统和经济发展的复杂性，并应考虑人类非凡的适应能力。综观相关的研究方法，结合喀斯特区的区域特点，基于生态的理念，本研究认为，适度的聚落规模应基于聚落的人口、居民点用地、两者的关系以及区域耕地资源承载力、土地利用结构、水资源状况、石漠化和土壤侵蚀现状、劳动力从业状况、人口迁移、社会经济发展情况等因素综合进行评定。不论是聚落的人口还是居民点用地规模，在喀斯特高原盆地区、高原山地区、高原峡谷区都因上述自然地理背景、社会经济条件的实际情况而存在空间差异且差异巨大，应通过多方面综合评价，采取不同的研究方法进行现状调研和预测，制定适度和合理的聚落规模，进行人居环境的规划和设计，优化喀斯特聚落空间结构。

8.3.2　聚落空间发展的监测

喀斯特地区聚落的密度、形态、空间分布等空间结构非常复杂，且在近年来的发展中，出现了很多新型的空间延伸特点，如聚落旧建筑的空废化、新建筑沿公路延伸的趋势等。而聚落在空间分布上水平和垂直方向的扩张会导致形态上的变化和新分布特点的出现，聚落居民点用地和其他土地利用类型结构的变化对聚落发展也有着重要影响。特别在喀斯特地区，聚落在各海拔、坡度、坡向上分布规律的变化不仅能体现空间变化特点，还能反映聚落居住水平的变化以及聚落居住文化的发展。这些聚落空间结构的变化信息均能预测聚落在未来的演变趋势，因而需要利用 GIS 技术实施监测，以调查在聚落发展中出现的问题，做好聚落发展的空间规划。

8.3.3　聚落空间自组织模式的保护

喀斯特聚落的空间是在脆弱生态环境下从尊重自然、尊重环境的生态居住意识出发而形成的，具有适应自然、力求人地关系和谐统一的特点，因而聚落的空间自组织模式是在长期恶劣居住环境下形成的对自然环境空间高度顺应的格局和过程。但是，居住中突出的问题，特别是生态环境的日益恶化和贫困—环境恶化—贫困的恶性循环使得空间自组织模式的保护必须基于喀斯特不同地貌类型区的自然条件、社会经济发展状况进行。另外，居住文化的变化也是一个重要的方面。

就三个研究区来说，花江研究区应基于石漠化治理和生态恢复技术，以发展花椒经济和北盘江大峡谷旅游为导向，以传统聚落和民居保护为重点，保护喀斯特峡谷区居住空间结构。水平空间：峡谷南岸，聚落和花椒、金银花农业景观交错分布；峡谷北岸，以北盘江大峡谷旅游为导向的民居和聚落，特别注重传统民居、宗祠庙宇和聚落的保护和发展。垂直空间：住宅的错落有致——立体的聚落——具有强烈空间视觉的喀斯特峡谷型聚落。

红枫研究区应基于红枫湖水系和景观，保护现有的高原盆地聚落空间结构——喀斯特高原盆地聚落和高原湖泊、高原峰林交相辉映的喀斯特高原山水田园型聚落。

鸭池研究区应基于生态环境恢复和石漠化治理技术，凸显喀斯特高原山地的旖旎风光，即青山绿水、绿树成荫的贵州高原山地喀斯特高原山地型聚落。同时，以解决居住用地趋紧为重点，有条件的情况下可进行居住新区规划。

8.3.4 聚落居住空间的优化

在现有聚落空间格局的基础上，进行空间的优化，根据空间要素的层次——点、线、面、廊、林、园进行：

点——居民住宅、公共服务设施（村委会、村卫生站、文化活动中心、老年中心）、社区服务中心（水电、电信、邮政服务、商业服务等）、教育机构（幼儿园、小学）等；

线——聚落内部的交通系统、给排水系统、排污系统；

面——聚落内部水域、公共休闲区域、农田景观；

廊——绿色廊道，即道路林网、水系林网、农田林网；

林——聚落内部、前后的水源涵养林、山地保护林、滨水防护林、防污染隔离林等绿色生态屏障；

园——聚落附近的经济作物种植园、农作物田园、农业观光休闲园、农村社区公园等。

由于不同喀斯特地貌类型区的聚落在大小、形态、集聚程度、分布方式、空间结构、自然条件、社会经济发展、居住文化等方面各不相同，因而聚落居住环境空间的优化需视具体情况进行。本研究以野外调研时最为了解的三个研究区的五个聚落为例进行，具体为花江研究区的擦耳岩、法郎，鸭池研究区的半坡，红枫研究区的王家寨、羊昌洞。

（1）擦耳岩。点——住宅；线——省道和村道，省道两旁道路景观绿化，村道入户的规划设计；面——公共休闲区域和花椒商业集贸市场的选择和修建；廊——省道景观林、村界景观林；林——极强、强度石漠化地区封山育林以及中轻度石漠化地区的生态恢复林建设；园——花椒成片和金银花成带的种植园，石漠化治理景观科普园。

（2）法郎。点——住宅；线——北盘江大峡谷景观和入村、入景区交通线路以及村道入户的规划设计；面——景区入口处游客游憩和停泊区域兼村民公共休闲区域；廊——入村道路景观林、村界景观林；林——极强、强度石漠化地区封山育林以及中轻度石漠化地区的生态恢复林建设；园——经济作物种植园，并可依托北盘江峡谷风景区修建社区公园。

（3）半坡。点——为解决用地趋紧，可规划建设新型集中的居住小区；线——村

171

道和入村道路的建设；面——宝窝塘湿地，公共休闲区域；林——中轻度石漠化和潜在石漠化山地的生态恢复林和水土保持林；廊——村界景观林；园——以宝窝塘为中心的农村休闲生态园。

（4）王家寨。点——由于地势开阔平缓，居民点较为集中，王家寨可以规划好现有聚落，形成新型农村社区；线——村道入户的规划设计，水渠的治理；面——笔架山前后都为广阔的盆地，可塑造美丽的田园风光；廊——入村道路的景观林，水渠景观林（选择垂杨为宜）；林——轻度石漠化和潜在石漠化、无石漠化地区郁郁葱葱的喀斯特高原林木；园——广阔平坦的农业田园和周围的山林构成林园风光。

（5）羊昌洞。点——由于羊昌洞居民点较为集中，可以优化并形成新型居住小区；线——村道；面——畜牧区和果林区；廊——畜牧区的隔离林带；林——轻度石漠化和潜在石漠化、无石漠化的喀斯特高原林木；园——广阔而低缓起伏的果园和山林构成林园风光。

8.4　人居环境

根据本研究思想和贵州喀斯特地区的实际，贵州喀斯特地区人居环境空间优化以喀斯特人居生态环境为核心，对轻度以上土壤侵蚀、轻度以上石漠化地区等环境敏感区重点实施人居自然环境的生态恢复和保护；对土地利用空间结构进行优化，对居住空间按照聚落的实际情况进行优化，同时保护居住的文化空间和文化景观。

8.4.1　生态环境的治理和恢复

由于生态环境的脆弱性及其导致的贫困—生态环境恶化—更贫困的恶性循环，在喀斯特地区，要提高人居环境质量，首要面临的就是生态问题，即应在对生态环境实施治理和恢复的基础上去考虑人居环境质量的提高。实现居住环境空间的优化，首先要将环境敏感区区分开来，对环境敏感区实施重点治理和恢复。本研究认为，在喀斯特地区，轻度以上土壤侵蚀、轻度以上石漠化地区都属于环境敏感区，必须重点实施人居自然环境的生态恢复和保护。

由于喀斯特地区脆弱的生态环境是人地关系地域系统在长期历史演变中形成的，其治理和恢复随着喀斯特地区地域特点特别是地貌环境的不同而不同。从研究的高原盆地区、高原山地区、高原峡谷区具体情况来看，可以采取的优化治理和恢复措施也有所区别。高原盆地区水网密布，水资源丰富，地形较平坦，生态环境较好，主要注重对峰林陡坡的封山育林、红枫湖水系的水资源保护、盆地内的蓄排水工程优化和自然灾害的防治等工作，对坡度缓、林草覆盖度高的地区要加强有林地的管护和更新。高原山地区主要注重峰丛陡坡的封山育林、退耕还林还草工作，特别是陡坡和洼地之间过渡带的水土流失防治和生态修复以及生物措施等，以及喀斯特地表水的截留、蓄积，现存湿地的生态保护，谷地、洼地的蓄排水工程优化和水资源的保护。高原峡谷区生态环境的恢复和治理非常困难，特别是强度、极强度石漠化和土壤侵蚀的治理工作。缺水、干旱是峡谷区主要的生态问题，因此采取拦沙坝、沉沙池、蓄水池等工程措施对泥沙、地表水进行截留和蓄积，首要解决缺水和干旱问题。并重点对石漠化和土壤侵蚀采取林草结合的方法治理，选择固土和固沙能力强、经济价值高、适生性强的林草进行种植。

　　贵州喀斯特地区生态环境的治理和恢复是长期的、系统的、复杂的，且受各级政府和科研院校、科研工作者以及当地居民长期关注并一直致力进行的主要工作。限于时间、精力和篇幅有限，在此未作理论和实践上的深入。

8.4.2　土地利用空间结构的优化

　　土地利用空间结构的优化，关键是优化各类型土地利用的空间配置方式。其中，耕地是喀斯特地区稀缺的资源，是人居环境的核心要素，要以耕地在空间上特别是垂直空间上各坡度比例的合理配置和质量的提高为主。因此，必须有效控制非农建设用地对耕地的占用，合理安排非农建设用地，控制城镇及农村居民点用地规模，有效保护和整理农用地，优化土地利用结构，提高土地利用率和产出率。特别在农业条件较好的高原盆地区和高原山地区，保持耕地比重达到50%以上，农业条件稍差的高原峡谷区保持在20%以上，基本农田保护区面积不得减少。同时，根据国家西部大开发生态先行的方针和退耕还林还草政策，坡度≥25°以上的陡坡耕地实施退耕还林还草，提高植被的覆盖率；6°～25°的旱坡耕地通过实施坡改梯、生物地埂等生态改造工程提高耕地质量。林地是喀斯特地区生态环境保护、治理和恢复的基础，实施生态恢复有赖于林地在空间上特别是垂直空间上的拓展，通过退耕还林、封山育林等政策以及石漠化和土壤侵蚀治理的措施和手段，实现水源涵养林、山地保护林、滨水防护林、防污染隔离林、聚落景观林带等绿色生态林地比重的提高。水域是喀斯特地区自然环境要素，保护现有水域的空间占有、提高水源质量、实现水循环节约利用是重要方面。

　　另外，结合喀斯特地区石漠化和土壤侵蚀的现状以及生态环境的治理和恢复工作，在未来相当长的时期内，要继续推进强度石漠化地区的封山育林工作，保持喀斯特脆弱生态环境地区林地面积的不断增长，减少强度石漠化面积，降低水土流失和土壤侵蚀；继续推进中度石漠化地区速生高效林灌草种植，轻度石漠化地区林草优化配置，合理控制人工林地、园地、草地的结构，有效控制喀斯特地区的石漠化和土壤侵蚀问题。

8.4.3　居住文化空间的保护

在经济发展和现代文明的冲击下，居住文化空间保护是一个难题。而喀斯特地区的居住文化又因为喀斯特地理环境的复杂性和差异性而存在空间上的复杂性和差异性，其居住的生活方式、地方风俗、民族文化以及风水空间格局等就是很好的表现。在上世纪90年代，文化生态保护理念在贵州得到了充分实践和发展。笔者之一早在1997年就曾到过中国第一座生态博物馆建立地——贵州省六枝特区、织金县交界大山深处的梭戛生态博物馆调研，并一直关注其发展。该生态博物馆没有围墙，其主要理念就是将长角苗的世居文化就地保护。虽然文化保护是生态博物馆的首要任务，但由当地居民自己决定他们的生活方式和生活道路才是文化保护的核心。这一文化生态保护的理念看似又陷入保护和发展的悖论中，却是最符合文化生态保护的实际需要。因而，针对贵州在文化生态保护上的特殊情况和长期以来的实践经验，本研究所指的居住文化空间保护实质上就是尊重现有居住文化的空间，并引导当地居民提高对自身居住文化独特性和宝贵性的认识，在此基础上尊重他们对自身居住方式的选择和生活的发展。

8.4.4　居住环境的优化

8.4.4.1　配套设施

每个村庄要配套建设公共服务设施和社区服务中心，集约发展公共设施，完善村民委员会、村卫生站、小学、幼儿园、村活动站、老年活动中心、体育活动场所、卫生所和水电、电信、邮政服务设施，以及配套齐全的百货店、饭店、理发店等商业设施，并实现合理布局。

8.4.4.2　环境整治

应改进居住环境的清洁卫生，使田园清洁、家园清洁、水源清洁。在居民集中居住区统一铺设污水收集管网，建设适度集中的生活污水处理设施，建立"户集、村收、镇统一集中处理"的农村垃圾处理长效机制。

结合喀斯特地区生态环境的治理和恢复，沼气池、小水窖（池）的修建，厕所、牲畜圈、厨房等的全面提升及公共卫生设施的建设，形成卫生村和健康村。

8.4.4.3　交通服务设施

全国《农村公路建设规划》（国家发展和改革委员会，2005）指出，西部地区到2010年要基本实现所有具备条件的乡（镇）通沥青（水泥）路、具备条件的建制村通公路。贵州省政府明确表示到 2010 年要实现 90% 以上的乡镇通油路和 95% 以上的行政村通公路（新华网，2005）。《贵州省骨架公路网规划》计划投资 1523 亿元，于 2020 年基本建成全省高速公路网，实现县县通高等级公路的宏伟蓝图（贵州省交通厅，2007）。

在此基础上，到 2020 年，贵州喀斯特地区应在所有乡（镇）和建制村通沥青（水泥）路，并依托县级高等级公路的建设，全面提高农村公路的密度和公路质量，逐步完善农村公路运输服务体系，形成以乡村公路为基础的布局合理、服务水平高的农村公路网。

8.4.4.4 能源设施

根据喀斯特农村地区的自然条件和居民经济收入情况，在喀斯特高原峡谷区实施以沼气池建设为主的沼气生态住宅模式，以农户为单位，将沼气池建设与改圈、改厕、改厨结合起来，利用沼气保障生活所需能源，逐步实现每户一个沼气池，逐步改变以柴草为生活燃料的现状；在条件稍好、人口众多的高原盆地区和高原山地区，以村为单位，实现牲畜集中圈养，进行厕所和厨房的改造，建设粪便集中处理设施，逐步实现每村一个牲畜集中圈养场、一个粪便处理场、一个大型沼气池和相应的能源运输管道和配套设施，逐步改变以燃煤、电为生活燃料的高污染、高代价的现状。

8.4.4.5 水利设施

根据喀斯特不同地貌类型区水文条件和水资源特点的不同，进行不同的水利设施建设。在水资源条件好的高原盆地区，在完善自来水管道和发展节水设施技术系列工作的基础上，保护和提高现有天然湖泊、水塘、河流、湿地、泉眼等的水质；在高原山地区，根据水资源情况，完善自来水管道和节水设施的建设，适当发展小水窖、小水池和小水库蓄集雨水和地表水，严格控制对天然水域和湿地的围垦和污染，保护和提高喀斯特地表水和地下水的水质，防止过度使用和污染地下水；在水资源缺乏的高原峡谷区，在现有大气降水开发利用及配套技术——屋面集雨→软管导入→水窖贮藏→管道输水供人畜饮用，坡面集雨→沟道拦水→引水渠→沉沙池→蓄水（塘）→管网输水、便携式水泵提水或人工取水的基础上，建设完善好微型蓄水工程（小水库、小水池、小水窖）以及输水工程，缓解水资源紧缺和供需矛盾。

8.4.5 社区和居民的参与

结合"喀斯特高原退化生态系统综合整治技术开发"课题选取的核心区域——红枫研究区为王家寨和羊昌洞，鸭池研究区为半坡，花江研究区为擦耳岩和法郎，以社区参与为核心进行人居环境重点规划和建设，并发展为优秀人居的示范村、示范户。然后，结合政府相关政策及科研项目，发展以聚落社区为尺度，以每户居民为主体，以提高农村社区居民环保、科技、经济发展、社会和谐等各种认识和能力为目的的自我建设、自我管理、自我发展的人居环境的优化模式。

建设农村社区居民自主参与、居民直接受益的项目包括个体受益项目和公共受益项目。个体受益项目如住宅建设、人畜分居建设、传统民居保护、蓄水设施和水窖建设、一池三改、信息化工程等要通过政府和科研项目的资金引导和市场化运作，以发展示范社区、示范户为基础，按照喀斯特地区生态环境恢复和石漠化治理的客观要求，在尊重居民意愿的基础上，以居民为主体进行；公共受益项目如村庄整治规划、交通设施建设、公共服务设施建设、环境污染治理等以政府投入为主、科研项目资金投入为辅，在居民投工投劳的基础上，依据居民自愿、政府支持、项目支撑的原则进行。

本章小结

本章基于生态的理念，以喀斯特生态脆弱环境的治理和恢复为背景，确定喀斯特地区人居环境空间优化的原则和目标，针对喀斯特地区住宅—聚落—人居环境三个空间层次或优化对象，结合目前人居环境存在的突出问题进行探讨。

在住宅方面，长期对自然环境的适应表明喀斯特地表地貌及组合地貌下的住宅空间特点以及住宅文化必须得到充分尊重，需保持现有住宅的空间格局以及丰富的社会空间层次，并不以平衡区域住宅条件差异为主要目的。在此基础上，从院落的空间要素院、宅、厨、厕、浴、圈等方面提出院落空间结构优化的建议。同时结合生态和经济发展的要求，以各具喀斯特地域特点的住宅生态—生产模式来实现和发挥住宅的生态和生产功能。

在聚落方面，适度的聚落规模控制和预测以及对聚落空间发展的监测工作是优化聚落空间结构的两个重要前提，而实现聚落空间自组织模式的保护是尊重长期人地关系地域系统演变规律的重要所在。在了解聚落空间格局的基础上，根据聚落空间要素的层次——点、线、面、廊、林、园，结合野外调研和实践中较为熟悉的五个聚落，提出聚落居住空间的优化措施及建议。

在人居环境的优化方面，生态环境的治理和恢复是主要的背景和工作前提，而各类型土地利用的空间结构特别是耕地在空间上的合理配置方式和质量的提高是重要的方面。此外，居住文化空间的保护是必需的，也需要以生态的理念和方法来充分实现对居住文化的尊重和在此基础上的居民生活的发展。在人居环境大的方面，配套设施建设、环境整治、交通设施建设、能源设施规划、水利设施建设均需考虑周到。针对这些实际问题，操作上应以社区和居民参与为主要方式，以当地居民为核心来全面实施。

第9章 结论与展望

9.1 结论和认识

本书依托贵州三个不同的喀斯特地貌类型区（乌江—北盘江分水岭的清镇红枫湖喀斯特高原盆地区、乌江上游的毕节鸭池喀斯特高原山地区、北盘江中游的关岭—贞丰花江喀斯特高原峡谷区），剖析了贵州喀斯特地区自然地理特点特别是区域喀斯特地貌特征，从住宅—聚落—人居环境的地理空间层次探索喀斯特地区人居环境的空间格局和演化过程以及喀斯特人居环境的区域特性，进而提出喀斯特地区人居环境可持续发展的优化方案，取得如下主要结论和认识：

（1）人居环境的发展深受人地关系认识的影响，对人地关系的认识经历了"环境决定—选择创造—技术对抗—环境伦理—调节—可持续发展的追求"的过程。人居环境是地理空间的主要内容，属于人地关系地域系统的重要范畴。区域的视角、综合的思想、生态的理念、人文的精神、自然的设计、可持续发展的目标等，是人居环境研究的重要支撑点。地理空间上住宅—聚落—人居环境的扩大及内涵的延伸，是研究喀斯特地区人居环境空间格局和演化过程的重要线索。

（2）喀斯特地貌决定了喀斯特地区人居环境空间格局的特点：住宅主要分布在喀斯特盆地、洼地、谷地等负地貌和溶丘、溶原、峰丛等正地貌，并随着喀斯特地表地貌和组合地貌的形态表现出一定的空间分布特点和规律，构成聚落的基本形态。聚落的空间格局特点显著，聚落规模小且分布分散，集聚、半集聚和分散型聚落均有分布，其规模、密度、形态和分布均随着喀斯特地貌的分布特点和复杂程度体现出一定的规律。

（3）喀斯特地区人居环境的整体性和独特性是基于地域基因存在的，表现在不同的喀斯特地貌具有不同的人居环境空间格局，对应于三类喀斯特典型地貌类型，存在三种人居环境空间格局的模式：高原盆地区地势平坦开阔，住宅总体水平高，聚落在一定程度上集聚并占据条件较好的盆地区，人居环境空间格局的区域内部差异性最小，较为适宜人居；高原山地区综合地理环境次于盆地区，居住用地紧张导致住宅总体水平较低，聚落集聚在条件较好的谷地、洼地并逐步向山地蔓延，人居环境空间格局差异性较大，居住环境较差；高原峡谷区生态环境最为脆弱，海拔差异大，地表破碎，住宅总体水平稍差，聚落主要占据水土条件较好的高原区小型洼地、谷地，规模小、密度小且分

177

布最为分散，甚至峡谷区仍有分布，人居环境的空间格局差异性最大、垂直差异最明显是其最主要特点，生态环境亟需治理和改善。

（4）三种人居环境空间格局模式下，喀斯特地区住宅的空间分异、聚落、人居环境的空间格局以及与区域综合地理环境的关系有三个规律：①住宅总体水平的优劣、聚落的集聚程度以及与集聚程度相关的聚落规模的差异、土地利用合理程度和农业条件优劣程度与区域居住地理环境背景条件优劣的规律一致，即喀斯特高原盆地区＞高原山地区＞高原峡谷区；②聚落的规模、密度大小以及聚落形态复杂程度的规律为喀斯特高原山地区＞高原盆地区＞高原峡谷区，与区域人口发展密切相关；③住宅条件的空间差异、聚落在水平和垂直方向上分布的空间差异、主要的农业用地类型优劣、景观格局破碎和复杂程度、石漠化和土壤侵蚀情况、土地利用的水平和垂直分布空间差异、居住文化环境特色强弱的规律与区域自然地理环境的差异性特别是地表地貌及地貌组合的差异性规律一致，即喀斯特高原峡谷区＞高原山地区＞高原盆地区。

（5）喀斯特地区住宅、聚落、人居环境的空间格局与区域自然地理环境差异有密切联系，即自然地理环境越好，自然地理环境差异性越小，住宅和聚落的总体情况越好，人居环境越好，住宅、聚落和人居环境的空间差异性越小。

（6）垂直空间分布是喀斯特人居环境空间格局的主要特点，它加剧了喀斯特人居环境空间格局的复杂性。无论是住宅、聚落，还是人居环境层次，人居环境空间格局均随着喀斯特地表地貌类型的不同而具有不同海拔、坡度和坡向上的分布特点。并使得贵州高原喀斯特人居环境垂直空间差异及复杂程度呈现明显规律：高原峡谷区垂直空间差异最大，人居环境垂直空间格局最为复杂；高原山地区次之；高原盆地区最简单。

（7）喀斯特地区居住环境的风水空间格局与区域地貌空间格局相一致，地貌空间格局差异越大，风水空间格局差异越大，且传统性和地方性越强。

（8）喀斯特地区环境的宜居程度与区域综合地理环境密切相关，并与从地理空间角度对喀斯特地区人居环境空间格局的分析结论基本一致。

（9）人居现象的出现远远落后于现代喀斯特地貌的形成，喀斯特人居环境的演变过程和现代喀斯特地貌的空间演变没有成因上的联系。尽管如此，喀斯特地貌空间格局仍然是喀斯特人居环境演变的基础。

（10）喀斯特人居环境的空间演变无论是水平方向还是垂直方向上，都具有明显的喀斯特地貌特点：人居现象首先在自然条件较好的、适合居住的低海拔、平缓的喀斯特盆地、谷地、洼地产生，并逐渐集聚，当聚落达到一定规模后，再逐渐向条件稍差的高海拔、地势起伏较大的地貌区蔓延。同样，喀斯特地区人居环境演变过程的复杂程度和空间格局密切相关，空间格局越复杂，演变过程也越复杂。

9.2　创新点

本研究的主要创新点包括：

（1）以住宅—聚落—人居环境为线索，在不同研究尺度、研究层次和时间断面上对喀斯特人居环境的地理空间格局进行剖析，揭示喀斯特地貌下人居环境的空间格局具有十分显著的特点：在住宅的空间差异上，聚落的集聚规模、密度、形态和分布对喀斯特地貌特点、复杂程度和空间差异具有显著的依赖性；在居住的文化空间上，喀斯特地区居住环境的风水空间格局具有强烈的地方特色，与区域地貌组合空间格局相一致。

（2）开展基于生态的喀斯特地区居住环境空间优化探讨，提出喀斯特脆弱生态环境的治理和恢复是主要的背景和工作前提。在住宅方面，充分尊重长期对自然环境适应形成的住宅空间特点以及住宅文化，加强住宅的生态和生产功能；在聚落方面，加强适度的聚落规模控制和预测以及对聚落空间发展的监测工作；在居住环境方面，各类型土地利用的空间结构，特别是耕地在空间上的合理配置方式和质量的提高是重要的方面。

（3）在研究方向上，从喀斯特特殊的正负地貌出发，从水平和垂直两个方向进行空间格局分析，突破目前喀斯特地区实践上限于水平研究的现状。

9.3　不足之处和展望

9.3.1　不足之处

在研究过程中，我们遇到的很多问题还值得进一步探讨：

（1）在贵州这样一个社会经济比较落后的地区，乡镇一级的统计资料极不健全，更不用说村一级。文中部分数据来自村镇非常零散的统计资料，尽管采取了很多方法，并通过实地入户调查弥补，但分析的精度还是受到一定影响。

（2）遥感影像解译是土地利用监测和调查的重要依据和手段。由于遥感影像解译对影像的获取时间依赖较大，因此一定程度上影响土地利用数据的对比分析。加之研究获得的用于红枫研究区演变研究的遥感影像各期的格式不通，且三期土地利用数据在分类标准上不一致，使得研究结果的精确性还有待进一步提升。

（3）入户问卷调查和居民访谈是本研究的重要野外调研内容，在实际操作过程中却有相当大的难度。因为在贵州农村，绝大数居民受教育程度很低，对家庭社会经济的相关情况常常没有清晰的数字概念，且部分居民还不愿意透露真实的情况。如何针对这些特殊情况合理设计问卷，在很大程度上决定了调查的成功程度。

（4）喀斯特地区的住宅和聚落十分分散，特别在高原峡谷区，因而很难对研究区的居住户进行全面或覆盖面较广的入户调查，获取的住宅综合评价数据非常有限。如果能克服困难，有更多的入户调查，则研究不限于只对三个研究区的住宅总体水平进行对比分析，可进而对各研究区住宅的空间差异和空间格局进行分析。

（5）由于研究数据受限，在人居环境的演变上探讨不足。如果获得的数据时间跨度能更长、更多，则在过程演变研究上如聚落集聚过程、扩散过程等方面就有条件继续深入下去。

（6）研究对于很多方面都未涉及和深入。例如，缺少对各研究区内部住宅空间格局的研究；居住风水的空间格局只有几个代表地点的论述，且还不够系统；对居住的文化特别是民族、民俗和地方宗族聚落的研究还不够深入；在影响喀斯特人居环境和聚落发展变化的因素方面，需要探讨的还很多；对于人口—人居环境中的重要因素，其扩大和迁移对人居环境空间格局的影响还有待深入；另外，实践研究中的尺度变换问题、适度的聚落规模测算、实践中的喀斯特地区文化岛屿研究、喀斯特地区建筑住宅生态设计等与本研究密切相关的很多问题都未涉及。

9.3.2 展望

从立题之初，我们就开始围绕人居环境和喀斯特环境进行思考和分析，力图通过研究展现贵州喀斯特地区各种不同类型地貌环境下大大小小的聚落空间格局，包括城市聚落和乡村聚落，特别是具有原生态特征的少数民族聚落。但在实际调研的过程中发现，这一工作量巨大，且由于科研条件的限制，困难很多。这仍是未来努力的目标和方向。

在本研究中，对于三个典型地貌研究区的探讨在一定程度上具有代表性，特别是对三种地貌类型的人居环境空间格局的总结，基本能代表贵州省其他同类喀斯特地区。但是，研究的篇幅还远远不够，不仅还有其他喀斯特典型地貌区未涉及且关键的区域—城市，也是喀斯特地区最重要的人居环境区域还没开展。因此，喀斯特地区城市的人居环境研究将是未来最主要的努力方向。

在人居环境的演变过程方面，还有太多太多值得探讨的问题，例如居民的迁居、经济发展与人居社会环境特别是社会空间变化的关系。其中最重要的问题是考虑城市对乡村人居环境空间的深远影响，因为在发达国家，乡村的空间变迁是和城市化紧密联系在一起的，且这一研究已经成为热点。中国，特别是贵州喀斯特地区，城市的影响范围和程度有限，加上喀斯特地貌的限制，城乡人居环境及其关系具有非常强烈的地域特点，对贵州喀斯特地区城市和乡村人居环境空间的发展均具有特殊意义。这些需要进行探讨的理论和实际问题都为下一步进行深入研究提供了明确的方向。

人居环境是综合研究的一个发展方向，且与居住相关的生态环境、社会环境、居住空间分异、城市化和乡村发展等问题不仅在科研领域具有理论和实际意义，也是关乎民生的实际问题。喀斯特地区是目前地理学科关注的热点区域，其脆弱的生态环境下与居住相关的生态环境恢复问题已经得到越来越多的重视，将喀斯特区域的实践和人居环境的研究方向结合起来，可以不断丰富相关的理论，并取得实际应用价值。

参 考 文 献

Adriaensen F, Chardon J P, Blust G D, et al. 2003. The application of "least-cost" modeling as a functional landscape model [J]. Landscape and Urban Planning, 64 (4): 233 –247.

Alms R. 1998. Space—Time modelling of the lower Rhine basin supported by an object-oriented database [J]. Phys Chem Earth, 23 (3): 251 –260.

Anselin Luc, Arthur Getis. 1992. Spatial statistical analysis and geographic information systems [J]. The Annals of Regional Science, 26 (1): 19 –33.

Anselin L. 1995. Local indicators of spatial association—LISA [J]. Geographical Analysis, 27 (2): 93 – 115.

Anselin L, Syabri I, Kho Y. 2006. GeoDa: An introduction to spatial data analysis [J]. Geographical Analysis, 38 (1): 5 –22.

Benguigui L, Czamanski D, Marinov M, et al. 2000. When and where is a city fractal [J]. Environment and Planning B: Planning and Design, 27 (4): 507 –519.

Burgi M, Hersperger A M, Schneeberger N. 2004. Driving forces of landscape change—current and new directions [J]. Landscape Ecology, 19 (8): 857 –868.

Cliff A D, Ord J K. 1973. Spatial Autocorrelation [M]. London: Point Ltd.

Daniel A, Griffith, 1999. Spatial Autocorrelation: a primer, resource publications in geography [J]. Association of American Geographers, (3): 82.

Darrel Jenerette G, Harlan Sharon L, Anthony Brazel, et al., 2006. Regional relationships between surface temperature, vegetation, and human settlement in a rapidly urbanizing ecosystem [J]. Landscape Ecology, (1): 1 –13.

Duro J A. 2008. Cross-country inequalities in welfare and its decomposition by Sen Factors: the virtues of the Theil index [J]. Applied Economics Letters, 15 (13): 1041 –1045.

Egenhofer M J, Mark D M. 1995. Naive geography [C] //Franka U, Kuhn W. Proceedings of COSIT' 95. Berlin: Springer-Verlag: 1 –15.

Environment Housing and Land Management Division. 2009. Specific reference to data on housing and building [DB/OL]. [2009 –05 –27]. http://w3. unece. org/stat/HumanSettlements. asp.

Filkins R, Allen J C, Cordes S. 2000. Predicting community satisfaction among rural residents: an integrative [J]. Model Rural Sociology, (65): 72 –86.

Frederick S. 2000. A watershed at a watershed: the potential for environmentally sensitive area protection in the upper San Pedro Drainage Basin (Mexico and USA) [J]. Landscape and Urban Planning, (49): 129 –148.

Freksa C, Habel C, Wender K F. 1998. Spatial cognition, an interdisciplinary approach to representing and processing spatial knowledge [M]. Berlin: Springer-Verlag.

Getic A, Ord JK. 1992. The analysis of spatial association by use odistance statistics [J]. Geographical Analysis, 24: 189 – 206.

Gregory D. 2000. Human geography and Space [C] //Johnston R J, ed. The dictionary of human geography. Oxford: Blackwel: 767 – 773.

Gustafson E J, Hammer R B, Radeloff V C, et al. 2005. The relationship between environmental amenities and changing human settlement patterns between 1980 and 2000 in the midwestern USA [J]. Landscape Ecology, 20 (7): 773 – 789.

Haber W. 2004. Landscape ecology as a bridge from ecosystems to human ecology [J]. Ecological Research, 19 (1): 99 – 106.

Katiyar N, Hossain F. 2007. An open-book watershed model for prototyping space-borne flood monitoring systems in International River Basins [J]. Environmental Modeling & Software, (22): 1720 – 1731.

Lebeau R. 1972. Les grands types de structures agraires dans le monde [M]. Paris: Masson.

Li Z G, Wu F L. 2006. Socio-spatial differentiation and residential inequalities in Shanghai: a case study of three neighborhoods [J]. Housing Studies, 21 (5): 695 – 717.

Lopez-Rodriguez J, Faina J A. 2006. Objective 1 regions versus non-objective 1 regions. What does the Theil Index tell us [J]. Applied Economics Letters, 13 (12): 815 – 820.

McGarigal K, Cushman S A, Nee M C, et al. 2002. FRAGSTATS: Spatial Pattern Analysis Program for Categorical Maps [EB/OL]. http: //www. umass. edu/landeco/research/fragstats/fragstats. html.

Miskiewicz J. 2008. Globalization—entropy unification through the Theil index [J]. Physica A-Statistical Mechanics and Its Applications, 387 (26): 6595 – 6604.

Montesinos I, Masa J L, Sierra-Perez, et al. 2008. Geoda:' conformal adaptive antenna of multiple planar arrays for datellite communications [C]. Ieee Antennas and Propagation Society International Symposium: 1 – 9, 1004 – 1007.

Montello D R. 2001. Spatial cognition [C] //Smelser N J, Baltes P B. International encyclopedia of the social & behavioral sciences. Oxford: Pergamon Press: 14771 – 14775.

Moran P A. 1950. Notes on continuous stochastic phenomena [J]. Biometrika, 37 (1/2): 17 – 23.

Nassauer J I. 1995. Culture and changing landscape structure [J]. Landscape Ecology, 10 (4): 229 – 237.

NUHT. 2004. Cities-engines of rural development [J]. Habitat Debate, 10 (3): 1 – 24.

Odum Eugene P. 1953. Fundamentals of ecology [M]. Philadelphia: Saunders Company.

Onish T. 1994. A capacity approach for sustainable urban development: an empirical study [J]. Regional Studies, 28 (1): 39 – 51.

Peter B Gregory. 2007. The importance of the catchment area-length relationship in governing non-steady state hydrology, ptimal junction angles and drainage network pattern [J]. Geomorphology, (88): 84 – 108.

Robert W. 1995. Elemental Geosystems—a foundation in Physical Geography [M]. NewJersey: Prentice Hall Inc: 536 – 540.

Ruth S DeFries, Jonathan A Foley, Gegory P Asner. 2004. Land-use choice: balancing huam needs and

参
考
文
献

ecosystem function [J]. Front Ecol Environ, 2 (5): 249 - 257.

Sawada M. 2006. Global spatial autocorrelation indices-moran's I, geary's C and the general cross-product statistic [J/OL]. [2006 - 05 - 16]. http://www.lpc.uottawa.ca/publications/Mo-ransi/Moran.htm.

Schnaiberg J, Riera J, Turner M G., et al. 2002. Explaining human settlement patterns in a recreational lake district: Vilas County, Wisconsin, USA [J]. Environmental Management, 30 (1): 24 - 34.

Sevenant M, Antrop M. 2007. Settlement models, land use and visibility in rural landscapes: two case studies in Greece [J]. Landscape and Urban Planning, (8): 362 - 374.

Shorrocks A F. 1980. The class of additively decomposable inequality measures [J]. Econometrica, 48 (3): 613 - 625.

Susan S Fainstein. 2000. New directions in planning theory [J]. Urban Affairs Review, (4): 451 - 478.

Tannier C, Pumain D F. 2005. Ractals in urban geography: a general outline and an empirical example [J]. Cybergeo, (22): 307.

UNESCO World Heritage Center. 2008. Operational guidelines for the im-plementation of the World Heritage Convention [DB/OL]. http://whc.unesco.org/en/guidelines.

Veldkamp A, Verburg P H. 2004. Modeling land use change and environmental impact [J]. Journal of Environmental Management, 72 (1/2): 1 - 3.

Voinov A, Constanza R, Wainger L, et al. 1999. Patuxent landscape model: integrated eco-logical economic modeling of a watershed [J]. Journal of Environmental Modelling and Software, 14: 473 - 491.

Wely J. 1998. Rural sustainable development in America [J]. Regional Studies Association, 32 (2): 199 - 207.

Wrbka T, Erb K H, Schulz N B. 2004. Linking pattern and process in cultural landscape: an empirical study based on spatially explicit indicators [J]. Land Use Policy, (21): 289 - 306.

阿努钦 B A. 1999. 地理学的理论问题 [M]. 李德美,包森铭,译. 北京:商务印书馆.

邦奇. 1991. 理论地理学 [M]. 石高玉,石高俊,译. 北京:商务印书馆.

大卫·哈维. 1996. 地理学中的解释 [M]. 高泳源,刘立华,蔡运龙,译. 北京:商务印书馆.

哈特向. 1963. 地理学性质的透视 [M]. 黎樵,译. 北京:商务印书馆.

克罗基乌斯 B P. 1982. 城市与地形 [M]. 钱治国,等译. 北京:中国建筑工业出版社:87 - 89.

理查德·哈特向. 1996. 地理学的性质——当前地理学思想述评 [M]. 叶光庭,译. 北京:商务印书馆.

理查德·皮特. 2007. 现代地理学思想 [M]. 周尚意,等译. 北京:商务印书馆.

普雷斯顿·詹姆斯,杰佛雷·马丁. 1982. 地理学思想史 [M]. 李旭旦,译. 北京:商务印书馆.

约翰斯顿 R J. 2000. 地理学与地理学家 [M]. 唐晓峰,译. 北京:商务印书馆.

约翰斯顿 R J. 2000. 哲学与人文地理学 [M]. 江涛,译. 北京:商务印书馆.

安裕伦. 1994. 喀斯特地区人地关系地域结构与功能刍议(以贵州为例)[J]. 中国岩溶,14 (2): 153 - 160.

白光润. 2006. 地理科学导论 [M]. 北京:高等教育出版社:330.

蔡运龙. 1996. 人地关系研究范型:哲学与伦理思辨 [J]. 人文地理,11 (1): 1 - 6.

蔡运龙. 2000. 自然地理学的创新视角 [J]. 北京大学学报: 自然科学版, 36 (4): 576 – 582.

蔡运龙. 2007. 中国地理多样性与可持续发展 [M] //中国可持续发展总纲: 第 14 卷. 北京: 科学出版社.

柴峰, 李君. 2003. 基于 RS 和 GIS 的人居环境信息系统研究 [J]. 计算机应用研究, (11): 90 – 94.

陈爱平, 安和平, 唐丽萍. 2007. 生态建设与环境保护促进贵州旅游业持续发展 [J]. 资源开发与市场, 23 (11): 1054 – 1056/1060.

陈秉钊. 2003. 可持续发展中国人居环境 [M]. 北京: 科学出版社.

陈刚才, 甘露, 万国江. 2000. 贵州岩溶地区的生态环境现实与可持续发展对策 [J]. 农业现代化研究, 21 (2): 108 – 111.

陈慧琳. 2002. 贵州省的城市生态环境问题 [J]. 人文地理, 17 (6): 20 – 23.

陈家华, 文宇翔, 李大鹏. 2002. 有关区域合理人口规模定量研究方法的讨论 [J]. 人口研究, 26 (3): 26 – 32

陈鹏. 2006. 西方城市空间结构研究新进展及其启示 [J]. 规划师, 22 (10): 81 – 83.

陈顺祥. 2005. 贵州屯堡聚落社会及空间形态研究 [D]. 天津: 天津大学.

陈涛. 1995. 城镇体系随机聚集的分形研究 [J]. 科技通报, 11 (2): 98 – 10.

丛爽, 向微. 2001. BP 网络结构、参数及训练方法的设计与选择 [J]. 计算机工程, 27 (10): 36 – 38.

邓茂林, 张斌, 余波, 等. 2008. 城市人居环境评价的综述与展望 [J]. 统计与决策, (23): 148 – 150.

董长虹. 2007. Matlab 神经网络与应用 [M]. 北京: 国防工业出版社.

封志明, 唐焰, 杨艳昭, 等. 2008. 基于 GIS 的中国人居环境指数模型的建立与应用 [J]. 地理学报, 63 (12): 1327 – 1336.

傅伯杰, 陈利顶, 马克明, 等. 2001. 景观生态学原理及应用 [M]. 北京: 科学出版社.

傅伯杰, 陈利顶, 王军, 等. 2003. 土地利用结构与生态过程 [J]. 第四纪研究, 23 (3): 247 – 255.

傅伯杰, 赵文武, 陈利顶. 2006. 地理—生态过程研究的进展与展望 [J]. 地理学报, 61 (11): 1123 – 1131.

高贵龙, 邓自民, 熊康宁. 2003. 喀斯特的呼唤与希望 [M]. 贵阳: 贵州科学技术出版社.

高友谦. 2004. 中国风水文化 [M]. 北京: 团结出版社.

高增祥, 陈尚, 李典谟, 等. 2007. 岛屿生物地理学与集合种群理论的本质与渊源 [J]. 生态学报, (1): 304 ~ 313.

葛哲学, 孙志强. 2007. 神经网络理论与 Matlab r2007 实现 [M]. 北京: 电子工业出版社.

顾朝林, 克斯特洛德 C. 1997. 北京社会极化与空间分异研究 [J]. 地理学报, 52 (5): 385 – 393.

谷花云. 2004. 基于 RS 与 GIS 的喀斯特地区生态环境脆弱性评价研究 [D]. 贵阳: 贵州师范大学.

管彦波. 1997. 西南民族聚落的形态、结构与分布规律 [J]. 贵州民族研究, (1): 33 – 37.

贵州省发展和改革委员会, 贵州省科技厅, 贵州师范大学. 等. 2007. 贵州省喀斯特石漠化综合防治图集 (2006—2050) [M]. 贵阳: 贵州人民出版社.

贵州省交通厅. 2007. 贵州省骨架公路网规划 [EB/OL]. http://www.qjt.gov.cn/zwgk/fzgh/paper.jsp?

ID = 28.

国家发展和改革委员会.《农村公路建设规划》简介 [EB/OL]. http://jtyss.ndrc.gov.cn/fzgh/t20050714_35929.htm.

国土资源部.全国土地分类（过渡期间适用）[Z].国土资发〔2002〕247 号,2002 - 08 - 20.

何才华.2001.贵州岩溶环境保护与持续发展 [J].贵州师范大学学报:自然科学版,19（3）:1 - 7.

贺勇.2004.适宜性人居环境研究——"基本人居生态单元"的概念与方法 [D].杭州:浙江大学: 8 - 12.

侯英雨,何延波.2001.利用 TM 数据监测岩溶山区城市土地利用变化 [J].地理学与国土研究,17 （3）:22 - 25.

胡巍巍,王根绪,邓伟.2008.景观格局与生态过程相互关系研究进展 [J].地理科学进展,27（1）: 18 - 24.

胡希军,刘玉桥,祝自敏,等.2007.农村景观文化及其可持续发展 [J].经济地理,27（6）:939 - 941.

黄光宇,杨培峰.2002.城乡空间生态规划理论框架试析 [J].规划师,18（4）:5 - 9.

黄慧萍.2003.面向对象影像分析中的尺度问题研究 [D].北京:中国科学院研究生院:8 - 10.

黄岚.2006.环境和行为关系——人居空间模式的比较分析 [J].建筑与规划理论,（2）:11 - 13.

黄志宏.2007.世界城市居住区空间结构模式的历史演变 [J].经济地理,27（2）:245 - 249.

姜付仁.2001.以流域为单元的可持续发展理论研究——以海河流域为例 [D].北京:中国水利水电科学研究院.

江涛.2004.流域生态经济系统可持续发展机理研究 [D].武汉:武汉理工大学.

金其铭,杨山,等.1993.人文地理学概论 [M].南京:江苏教育出版社:245 - 247.

金涛,张小林,金飚.2002.中国传统农村聚落营造思想浅析 [J].人文地理,17（5）:45 - 48.

菊逸山房.地理点穴·撼龙经·凝龙经（山法备收杨公秘本）[M].

兰安军.2003.基于 GIS - RS 的贵州喀斯特石漠化空间格局与演化机制研究 [D].贵阳:贵州师范大学:8.

冷疏影,宋长青.2005.陆地表层系统地理过程研究回顾与展望 [J].地球科学进展,20（6）:600 - 606.

李翀.2001.长江流域实现可持续发展生态环境管理综合决策模型 [D].北京:中国水利水电科学研究院.

李伯华,曾菊新,胡娟.2008.乡村人居环境研究进展与展望 [J].地理与地理信息科学,24（5）: 69 - 74.

李伯华,刘传明,曾菊新.2009,乡村人居环境的居民满意度评价及其优化策略研究——以石首市久合垸乡为例 [J].人文地理,（1）:28 - 32.

李贺楠.2006.中国古代农村聚落区域分布与形态变迁规律性研究 [D].天津:天津大学.

李健,宁越敏.2006.西方城市社会地理学主要理论及研究的意义——基于空间思想的分析 [J].城市问题,（6）:84 - 89,94.

李健娜,黄云,严力蛟.2006.乡村人居环境评价研究 [J].中国生态农业学报,14（3）:192 - 197.

李双成，郑度．2003．人工神经网络模型在地学研究中的应用进展［J］．地球科学进展，18（1）：68－76．

李廷正．2003．喀斯特农村社区可持续发展研究［D］．贵阳：贵州师范大学．

李王鸣，叶信岳，祁巍锋．2000．中外人居环境理论与实践发展述评［J］．浙江大学学报：理学版，27（2）：204－211．

李小敏．2006．国外空间社会理论的互动与论争——社区空间理论的流变［J］．城市问题，（9）：89－93．

李晓峰．2004．多维视野中的中国乡土建筑研究——当代乡土建筑跨学科研究理论方法［D］．南京：东南大学：93．

李秀珍，布仁仓，常禹，等．2004，景观格局指标对不同景观格局的反应［J］．生态学报，（1）：123－134．

李雪铭，姜斌，杨波．2000．人居环境：地理学研究面临的一个新课题［J］．地理学与国土研究，16（2）：75－78．

李雪铭，李明．2007．一种可用于城市人居环境质量评价的基于神经网络的遗传算法［J］．辽宁师范大学学报：自然科学版，30（1）：112－115．

李雪铭，汤新．2007．大连市居住空间分异的定量分析及其机制的初步研究［J］．辽宁师范大学学报：自然科学版，30（2）：223－225．

李阳兵，王世杰，李瑞玲，等．2004．花江喀斯特峡谷地区石漠化成因初探［J］．水文地质工程地质，31（6）：37－42

李阳兵，王世杰，容丽．2005．不同石漠化程度岩溶峰丛洼地系统景观格局的比较［J］．地理研究，24（3）：371－378．

李亦秋，杨广斌．2007．典型喀斯特城镇体系的分形研究——基于贵州省城镇体系的实证分析［J］．山地农业生物学报，26（1）：52－57．

李瑛，陈宗兴．1994，陕南乡村聚落体系的空间分析［J］．人文地理，9（3）：13－21．

李志刚，魏立华，丛艳国．2006．西方城市规划理论及相关期刊述评［J］．规划师，12（21）：28－34．

李志刚，吴缚龙．2006．转型期上海社会空间分异研究［J］．地理学报，61（2）：199－211．

李志林．2005．地理空间数据处理的尺度理论［J］．地理信息世界，3（2）：1－5．

联合国人居署福冈办事处．2002．中国城市发展战略绩效指标体系数据分析［EB/OL］．http：//www．cin．net．cn/Habitat/default．htm．

廉晓梅．2007．我国人口重心、就业重心与经济重心空间演变轨迹分析［J］．人口学刊，（3）：23－28．

林海明，张文霖．2005．主成分分析与因子分析的异同和spss软件——兼与刘玉玫、卢纹岱等同志商榷［J］．统计研究，（3）：24－25．

林树基，刘爱民．1985，中新生代板块活动与贵州地貌之演化［J］．贵州地质，2（2）：120－130．

林肇信．1999．环境保护概论［M］．北京：高等教育出版社．

刘福昌．1996．论坡度量测的理论依据、方法与成果应用［J］．贵州师范大学学报：自然科学版，14

（3）：7－13.

刘红玉，李兆富．2007.流域土地利用/覆被变化对洪河保护区湿地景观的影响［J］.地理学报，62（11）：1215－1222.

刘继生，陈彦光．1999.城镇体系空间结构的分形维数及其测算方法［J］.地理研究，18（2）：171－172.

刘邵权．2005.农村聚落生态研究——理论与实践［M］.北京：中国环境科学出版社.

刘旺，张文忠．2004.国内外城市居住空间研究的回顾与展望［J］.人文地理，19（3）：6－11.

刘望保，翁计传．2007.住房制度改革对中国城市居住分异的影响［J］.人文地理，22（1）：49－52.

刘新有，史正涛，唐姣艳，等．2008.基尼系数在人居环境气候评价中的运用［J］.热带地理，28（1）：7－10，20.

刘学，张敏．2008.乡村人居环境与满意度评价——以镇江典型村庄为例［J］.河南科学，26（3）：374－378.

刘玉亭，何深静，魏立华，等．2007.市场转型背景下南京市的住房分异［J］.中国人口科学，（6）：83－92.

陆大道．1995.区域发展及其空间结构［M］.北京：科学出版社.

鲁春阳，宋昕生，杨庆媛，等．2008.城市人居环境与经济发展的协调度评价——以重庆都市区为例［J］.西南大学学报：自然科学版，30（6）：121－125.

鲁学军，周成虎，张洪岩，等．2004.地理空间的尺度——结构分析模式探讨［J］.地理科学进展，23（2）：107－114.

卢耀如．1982.略谈岩溶（喀斯特）及其研究方向［J］.自然辩证法通讯，（1）：5－7.

陆玉麒．2002.中国区域空间结构研究的回顾与展望［J］.地理科学进展，21（5）：468－476.

吕红医．2005.中国村落形态的可持续性模式及实验性规划研究［D］.西安：西安建筑科技大学.

吕一河，陈利顶，傅伯杰．2007.景观格局与生态过程的耦合途径分析［J］.地理科学进展，26（3）：1－10.

马立平．2000.统计数据标准化——无量纲方法［J］.北京统计，（3）：34－35.

马士彬，安裕伦．2008.喀斯特地区土地利用与坡度因子关系分析［J］.贵州师范大学学报：自然科学版，26（1）：18－215.

马文瀚．2003.贵州喀斯特脆弱生态环境的可持续发展［J］.贵州师范大学学报：自然科学版，21（2）：75－79.

妙摩，慧度．1993.中国风水术［M］.北京：中国文联出版公司.

南方喀斯特研究院．2008.贵州省清镇市石漠化方案（2008～2010）［R］.贵阳：南方喀斯特研究院.

南方喀斯特研究院．2008.贵州省毕节市石漠化方案（2008～2010）［R］.贵阳：南方喀斯特研究院.

南方喀斯特研究院．2008.贵州省贞丰县石漠化方案（2008—2010）［R］.贵阳：南方喀斯特研究院.

南方喀斯特研究院．2008.贵州省关岭县石漠化方案（2008—2010）［R］.贵阳：南方喀斯特研究院.

牛文元．1992.理论地理学［M］.北京：商务印书馆：641－643.

彭建．2006.喀斯特生态脆弱区土地利用/覆被变化研究［D］.北京：北京大学.

彭建，王仰麟，张源，等．2006.土地利用分类对景观格局指数的影响［J］.地理学报，61（2）：

157 – 168.

彭建，蔡运龙，王秀春. 2007. 基于景观生态学的喀斯特生态脆弱区土地利用/覆被变化评价——以贵州猫跳河流域为例 [J]. 中国岩溶，26（2）：137 – 142.

彭贤伟. 2003. 贵州喀斯特少数民族地区区域贫困机制研究 [J]. 贵州民族研究，23（4）：96 – 101.

祁新华，程煜，陈烈，等. 2007. 国外人居环境研究回顾与展望 [J]. 世界地理研究，16（2）：17 – 14.

祁新华，程煜，陈烈，等. 2008. 大城市边缘区人居环境系统演变规律——以广州市为例 [J]. 地理研究，27（2）：421 – 430.

秦振霞，李含琳，苏朝阳. 2009. 河南省1987—2006年人口重心与经济重心的空间演变及对比分析 [J]. 农业现代化研究，30（1）：16 – 19.

裘善文，李风华. 1982. 试论地貌分类问题 [J]. 地理科学，12（4）：327 – 335.

容丽. 1999. 贵州生存环境恶劣的喀斯特地区移民意愿与扶贫思考 [J]. 中国岩溶，18（2）：190 – 196.

容丽，熊康宁. 2005. 喀斯特峡谷区民族心理意识的模糊综合评价 [J]. 经济地理，25（1）：16 – 21，32.

沈新周. 地理学大全 [M]. 台南：正海出版社.

申秀英，刘沛林，邓运员. 2006. 景观"基因图谱"视角的聚落文化景观区系研究 [J]. 人文地理，21（4）：109 – 122.

申秀英，刘沛林，邓运员等. 2006. 中国南方传统聚落景观区划及其利用价值 [J]. 地理研究，25（3）：485 – 494.

石崧，宁越敏. 2005. 人文地理学"空间"内涵的演进 [J]. 地理科学，25（3）：340 – 334.

史志华. 2004. 基于GIS和RS的小流域景观格局变化及其土壤侵蚀响应 [D]. 武汉：华中农业大学.

舒红. 2004. 地理空间的存在 [J]. 武汉大学学报：信息科学版，29（4）：868 – 871.

苏维词. 1999. 贵州岩溶山区城市人居环境及其优化 [J]. 中国岩溶，18（4）：353 – 336.

苏维词. 2000. 喀斯特山区城市地域结构问题及其优化对策——以贵阳市为例 [J]. 人文地理，15（4）：24 – 28.

苏维词，朱文孝. 2000. 贵州喀斯特山区生态环境脆弱性分析 [J]. 山地学报，18（5）：429 – 434.

苏维词. 2005. 喀斯特山区生态城市的景观建设模式初探——以贵阳市为例 [J]. 水土保持研究，12（6）：264 – 267.

苏振民，林炳耀. 2007. 城市居住空间分异控制：居住模式与公共政策 [J]. 城市规划，31（2）：45 – 49.

孙庆先，李茂堂，路京选，等. 2007. 地理空间数据的尺度问题及其研究进展 [J]. 地理与地理信息科学，23（4）：1 – 5.

孙志芬，王永平. 2007. 呼和浩特市城市人居环境质量评价分析 [J]. 干旱区资源与环境，21（4）：84 – 87.

谭秋. 2006. 不同尺度下喀斯特石漠化的景观格局与空间因子分析 [D]. 北京：中国科学院研究生院.

谭少华, 赵万民. 2008. 人居环境建设可持续评价的能值指标构建 [J]. 城市规划学刊, 177 (5): 97 - 101.

陶海燕, 等. 2007. 城市居住空间分异仿真模型框架研究 [J]. 系统仿真学报, 19 (21): 5086 - 5092

陶海燕, 黎夏, 陈晓翔, 等. 2007. 基于多智能体的地理空间分异现象模拟——以城市居住空间演变为例 [J]. 地理学报, 62 (7): 579 - 588.

万勇, 王玲慧. 2003. 城市居住空间分异与住区规划应对策略 [J]. 城市问题, (6): 76 - 79.

王爱民, 缪磊磊. 2000. 地理学人地关系研究的理论评述 [J]. 地球科学进展, 15 (4): 415 - 420.

王恩涌, 赵荣, 张小林, 等. 2000. 人文地理学 [M]. 北京: 高等教育出版社: 219.

王家远, 袁红平. 2007. 基于因子分析法的建筑业综合评价 [J]. 深圳大学学报: 理工版, (4): 373 - 378.

王丽明, 杨胜天. 1999. 系统动力学方法在喀斯特地区人口环境容量研究中的应用 [J]. 中国岩溶, 18 (2): 181 - 189.

王良健, 周克刚, 许抄军, 等. 2005. 基于分形理论的长株潭城市群空间结构特征研究 [J]. 地理与地理信息科学, 21 (6): 74 - 76, 99.

王密. 2006. 喀斯特区域生态承载力综合评价 [D]. 贵阳: 贵州师范大学.

王言荣, 刘洁, 屠玉麟. 2002. 贵州典型喀斯特县域生态环境脆弱度等级划分 [J]. 中国岩溶, 21 (3): 221 - 225, 232.

王园园. 2006. 基于模糊综合评判的城市社区尺度人居环境研究: 以济南市五区为例 [J]. 聊城大学学报: 自然科学版, 19 (4): 53 - 59.

温春阳. 2009. 城市发展的环境基础及其对可持续城市规划的约束和导向作用——以广东肇庆市为例 [D]. 广州: 中山大学: 170.

吴传钧. 1981. 地理学的特殊研究领域和今后任务 [J]. 经济地理, 1 (1): 5 - 21.

吴传钧. 1982. 地理学要为国土整治服务 [J]. 地理学报, 37 (3): 223 - 225.

吴传钧. 1991. 论地理学的研究核心: 人地关系地域系统 [J]. 经济地理, 11 (3): 1 - 6.

吴传钧. 1995. 自然科学学科发展战略调研报告·地理科学 [M]. 北京: 科学出版社.

吴传钧. 1998. 吴传钧文集: 人地关系与经济布局 [M]. 北京: 学苑出版社: 56 - 60.

吴国兵. 2000. 国外人居环境建设的实践和经验 [J]. 城市开发, (12): 26 - 28.

吴良林, 周永章, 陈子燊, 等. 2007. 基于 GIS 与景观生态方法的喀斯特山区土地资源规模化潜力分析 [J]. 地域研究与开发, 26 (6): 112 - 116.

吴良林, 周永章. 2008. 喀斯特山区环境耗散结构演化与生态重建策略探讨 [J]. 贵州科学, (3): 52 - 57.

吴良林等. 2008. 广西喀斯特山区原生态旅游资源脆弱性及其安全保护 [J]. 热带地理, 28 (1): 74 - 79.

吴良林. 2008. 广西桂西北喀斯特生态脆弱区资源环境安全与调控研究 [D]. 广州: 中山大学: 257.

吴良镛. 2001. 人居环境科学导论 [M]. 北京: 中国建筑工业出版社.

吴良镛. 2001. 严峻生境条件下可持续发展的研究方法论思考——以滇西北人居环境规划研究为例

［J］. 城市发展研究, 8（3）：13 – 14/22.

吴启焰. 1999. 城市社会空间分异的研究领域及其进展［J］. 城市规划汇刊,（3）：23 – 27.

吴启焰. 2001. 大城市居住空间分异研究的理论与实践［M］. 北京：科学出版社.

吴启焰, 张京祥, 朱喜钢, 等. 2002. 现代中国城市居住空间分异机制的理论研究［J］. 人文地理,
　（3）：26 – 30, 4.

吴郁文. 1995. 人文地理学［M］. 广州：广东科技出版社.

吴志强, 蔚芳. 2004. 可持续发展中国居环境评价体系［M］. 北京：科学出版社：54 – 97.

邬建国. 2007. 景观生态学——格局、过程、尺度与等级［M］. 北京：高等教育出版社.

武前波, 苗长虹, 吴国伟. 2008. 郑州市居住空间演变过程与动力机制分析［J］. 地域研究与开发,
　27（1）：36 – 41.

伍世代, 王强. 2007. 福建省城镇体系分形研究［J］. 地理科学, 27（4）：493 – 498.

伍世代, 王强. 2008. 中国东南沿海区域经济差异及增长因素分析［J］. 地理学报, 3（2）：123 –
　134.

肖笃宁, 布仁仓, 李秀珍. 1997. 生态空间理论与景观异质性［J］. 生态学报, 17（8）：453 – 460.

肖笃宁, 高峻. 2001 农村景观规划与生态建设［J］. 农村生态环境,（17）：4.

新华网. 贵州省："十一五"期间重点攻坚农村公路建设［EB/OL］. http://news. xinhuanet. com/for-
　tune/2005 – 12/02/content_ 3868539. htm.

熊康宁. 1996. 贵州锥状喀斯特发育对新构造运动的响应［J］. 贵州地质, 13（3）：167 – 173.

熊康宁, 黎平, 周忠发. 2002. 喀斯特石漠化的遥感—GIS 典型研究——以贵州省为例［M］. 北京：
　地质出版社：56 – 71.

熊康宁, 杜芳娟, 廖婧琳, 等. 2004. 喀斯特文化与建筑生态艺术［M］. 贵阳：贵州人民出版社.

熊康宁, 白利妮, 彭贤伟, 等. 2005. 不同尺度喀斯特地区土地利用变化研究［J］. 中国岩溶, 24
　（1）：41 – 47.

熊康宁, 贵州师范大学, 南方喀斯特研究院. 国家十一五科技支撑计划"喀斯特高原退化生态系统综
　合整治技术开发"（编号 2006BAC01A09）实施方案［Z］. 2007.

熊鹰, 曾光明, 董力三, 等. 2007. 城市人居环境与经济协调发展不确定性定量评价：以长沙市为例
　［J］. 地理学报, 62（4）：397 – 406.

许学强, 周一星, 宁越敏. 2009. 城市地理学［M］. 2 版. 北京：高等教育出版社.

许月卿, 李双成. 2005. 我国人口与社会经济重心的动态演变［J］. 人文地理, 20（1）：117 – 120.

许月卿, 李双成. 2005. 中国经济发展水平区域差异的人工神经网络判定［J］. 资源科学,（1）：69 –
　73.

许志晖, 戴学军, 庄大昌, 等. 2007. 南京市旅游景区景点系统空间结构分形研究［J］. 地理研究,
　26（1）：132 – 140.

徐菊芬, 张京祥. 2007. 中国城市居住分异的制度成因及其调控——基于住房供给的视角［J］. 城市
　问题,（4）：95 – 99.

徐瑞祥. 2003. 城市尺度人居环境质量评价及预警研究［D］. 南京：南京大学：18.

严钦尚, 曾昭璇. 1985. 地貌学［M］. 北京：高等教育出版社.

杨柳．2005．风水思想与古代山水城市营建研究［D］．重庆：重庆大学．

杨明德．1989．贵州省农业地貌区划［M］．贵阳：贵州人民出版社．

杨明德．1998．论喀斯特地貌地域结构及其环境效应［C］//贵州省环境科学学会．贵州喀斯特环境研究．贵阳：贵州人民出版社：19－25．

杨明德．2003：喀斯特研究——杨明德论文选集［M］．贵阳：贵州民族出版社：226．

杨晓英，汪境仁．2002．贵州自然条件与农业可持续发展［M］．贵阳：贵州科技出版社．

叶宗裕．2003．关于多指标综合评价中指标正向化和无量纲化方法的选择［J］．浙江统计，(4)：24－25．

尹怀庭，陈宗兴．1995．陕西乡村聚落分布特征及其演变［J］．人文地理，10 (4)：17－24．

于希贤，于涌．2005．中国古代风水的理论与实践［M］．北京：光明日报出版社．

俞兵，严红萍．2006．人居环境质量满意度评价指标体系初探［J］．山西建筑，32 (3)：16－17．

俞孔坚．1990．"风水"模式深层意义之探索［J］．大自然探索，(1)：81－91．

虞孝感，吴楚才．1999．长江三角洲地区国土与区域规划研究：理论·方法·实例［M］．北京：科学出版社．

翟建青，李雪铭．2006．大连市城市人居环境与产业结构关系定量研究［J］．国土与自然资源研究，(1)：10－12．

张殿发，王世杰，李瑞玲．2002．贵州省喀斯特山区生态环境脆弱性研究［J］．地理学与国土研究，18 (1)：77－79．

张九仪．地理铅弹子［M］．北京：中国古籍出版社．

张文忠，刘旺，李业锦．2003．北京城市内部居住空间分布与居民居住区位偏好［J］．地理研究，22 (6)：751－759．

张小林，盛明．2002．中国乡村地理学研究的重新定向［J］．人文地理，17 (2)：81－84．

张雅梅．2004．3S 支持下的喀斯特景观生态格局研究——以贵阳市为例［D］．贵阳：贵州师范大学．

张正栋．2007．广东韩江流域土地利用与土地覆盖变化综合研究［D］．广州：中国科学院研究生院（广州地球化学研究所）．

赵淑清，方精云，雷光春．2001．物种保护的理论基础——从岛屿生物地理学理论到集合种群理论［J］．生态学报，(7)：1171－1179．

赵万民．1999．三峡工程与人居环境建设［M］．北京：中国建筑工业出版社．

赵万民，王纪武．2005．人居环境研究的地域文化视野探析［J］．重庆建筑大学学报，27 (6)：1－5．

赵炜．2005．乌江流域人居环境建设研究［D］．重庆：重庆大学．

郑佳，陈忠祥，王尧，等．2005．中国西北地区城市可持续人居环境综合评价［J］．宁夏大学学报：自然科学版，26 (2)：171－175．

郑玮锋．2002．闽北山地城镇人居空间结构脉络研究［J］．黑龙江科技学院学报，12 (2)：57－60．

中国地理学会．2007．地理科学学科发展报告：2006—2007［M］．北京：中国科学技术出版社．

中华人民共和国建设部．2007．GB 50188—2007 村镇规划标准［S］．

中华人民共和国建设部．2008．GB 50445—2008 村庄整治技术规范［S］．

周开利，康耀红．2005．神经网络模型及其 Matalab 仿真程序设计［M］．北京：清华大学出版社．

周梦维，王世杰，李阳兵，等．2007. 喀斯特石漠化小流域景观的空间因子分析 [J]. 地理研究，26 (5)：897 - 905.

周年兴，俞孔坚，黄震方．2006. 关注遗产保护的新动向：文化景观 [J]. 人文地理，21 (5)：61 - 69.

周晓芳，周永章，黄泰．2007. 人居环境及其生态线索研究 [J]. 城市问题，(12)：28 - 33.

周晓芳，周永章．2008. 喀斯特城市空间结构研究：以贵州省为例 [J]. 热带地理，28 (3)：212 - 217.

周晓芳．2008. 基于景观空间分析的喀斯特文化岛屿研究 [J]. 贵州民族研究，28 (4)：81 - 85.

周心琴，张小林．2005. 我国乡村地理学研究回顾与展望 [J]. 经济地理，25 (2)：285 - 288.

周永章．2000. 地区形象及其与可持续发展的关系 [C] //罗治英，中国地区形象理论与实践．广州：中山大学出版社．142 - 152.

周永章．2008. 生态文明与人类社会健康发展研究 [J]. 广东科技，(1)：93 - 101.

周永章，王树功．2006. 泛珠三角区域合作的条件和基础：自然资源 [C] //泛珠江三角蓝皮书（泛珠江三角洲区域合作发展研究报告）：22 - 38.

周直，朱未易．2002. 人居环境研究综述 [J]. 南京社会科学，(12)：11 - 13.

朱镇强．2005. 地理精论与建造风水指南 [M]. 北京：北京燕山出版社．

朱锡金．1994. 面向新世纪的居住区规划问题 [J]. 城市规划汇刊，(2)：4 - 7.

邹德慈．2002. 城市规划导论 [M]. 北京：中国建筑工业出版社：25.

左大康．1999. 现代地理学词典 [M]. 北京：商务印书馆：671.

参考文献

附录1　本书使用的景观指标

英文缩写（单位）	指标名称	应用尺度	计算公式及意义
NP	斑块数量	类型景观	*NP* 在类型级别上等于景观中某一斑块类型的斑块总个数；在景观级别上等于景观中所有的斑块总数。*NP* 反映景观的空间格局，经常被用来描述整个景观的异质性，其值的大小与景观的破碎度也有很好的正相关性，一般规律是 *NP* 大，破碎度高，*NP* 小，破碎度低
PD（个/100 hm²）	斑块密度	类型景观	$PD = N/A$ *N* 为斑块个数，*A* 为类型或景观的面积
LPI（%）	最大斑块占景观面积比例	类型景观	*LPI* 等于某一斑块类型中的最大斑块占据整个景观面积的比例，有助于确定景观的核心或优势类型等
MPS（hm²）	斑块平均大小	类型景观	$$MPS_i = \frac{\sum_{i=1}^{n} a_{ij}}{n_i} \times \frac{1}{10000}, \qquad MPS = \frac{A}{N} \times \frac{1}{10000}$$ *MPS* 在斑块级别上等于某一斑块类型的总面积除以该类型的斑块数目；在景观级别上等于景观总面积除以各个类型的斑块总数。*MPS* 代表一种平均状况，在景观结构分析中反映两方面的意义：一方面，景观中 *MPS* 值的分布区间对图像或地图的范围以及对景观中最小斑块粒径的选取有制约作用；另一方面，*MPS* 可以指征景观的破碎程度，如景观级别上一个具有较小 *MPS* 值的景观比一个具有较大 *MPS* 值的景观更破碎。研究发现 *MPS* 值的变化能反馈更丰富的景观生态信息，它是反映景观异质性的关键

续上表

英文缩写（单位）	指标名称	应用尺度	计算公式及意义
PSSD（hm²）	斑块面积方差	类型景观	$$PSSD = \sqrt{\frac{\sum\limits_{j=1}^{n}\left(a_{ij} - \dfrac{\sum\limits_{j=1}^{n} a_{ij}}{n_i}\right)^2}{n_i}} \times \frac{1}{10000}$$ 表示斑块面积分布的均匀程度，当景观中所有斑块大小一致，或只有一个斑块时，*PSSD* = 0，反之，斑块大小差异越大值越大
ED（m/hm²）	边缘密度	类型景观	$$ED = \frac{1}{A}\sum_{i=1}^{M}\sum_{j=1}^{M} P_{ij}, \qquad ED_i = \frac{1}{A_i}\sum_{j=1}^{M} P_{ij}$$ 景观边缘密度在类型水平上指某类景观要素斑块与其相邻异质斑块之间的边缘长度除以类型总面积。在景观水平上指景观范围内单位面积上异质景观要素斑块间的边缘长度除以景观总面积
LSI	景观形状指标	类型景观	$$LSI = \frac{0.25E}{\sqrt{S}}$$ 指所有斑块边界的总长度除以类型或景观总面积的平方根，再乘以正方形校正常数。当景观中只有一个正方形斑块时，*LSI* = 1，其值越大斑块形状越偏离正方形，越不规则
MSI	平均形状	类型景观	$$MSI = \frac{1}{n_i}\sum_{i=1}^{m}\sum_{j=1}^{n}\left(\frac{0.25p_{ij}}{\sqrt{a_{ij}}}\right)$$ 每一个斑块的周长除以面积的平方根，再乘以正方形校正常数，再相加除以斑块总数。其值为 1 时，说明景观中斑块形状为正方形或圆形；斑块形状越复杂值越高

续上表

英文缩写（单位）	指标名称	应用尺度	计算公式及意义
AWMSI	面积加权的平均形状指标	类型 景观	$$AWMSI_i = \sum_{j=1}^{n} \left[\left(\frac{0.25p_{ij}}{\sqrt{a_{ij}}} \right) \left(\frac{a_{ij}}{\sum_{j=1}^{n} a_{ij}} \right) \right],$$ $$AWMSI = \sum_{i=1}^{m} \sum_{j=1}^{n} \left[\left(\frac{0.25p_{ij}}{\sqrt{a_{ij}}} \right) \left(\frac{a_{ij}}{A} \right) \right]$$ AWMSI 在斑块级别上等于某斑块类型中各个斑块的周长与面积比乘以各自的面积权重之后的和，在景观级别上等于各斑块类型的平均形状因子乘以类型斑块面积占景观面积的权重之后的和。其中系数 0.25 是由栅格的基本形状为正方形的定义确定的。公式表明面积大的斑块比面积小的斑块具有更大的权重。当 AWMSI = 1 时说明所有的斑块形状为最简单的方形（采用矢量版本的公式时为圆形）；当 AWMSI 值增大时说明斑块形状变得更复杂，更不规则
MPFD	平均斑块分维数	类型 景观	$$MPFD = \frac{1}{N} \sum_{i=1}^{m} \sum_{j=1}^{n} \left[\frac{2\ln(0.25p_{ij})}{\ln a_{ij}} \right]$$ 2 乘以每一斑块的周长的对数，0.25 为校正常数，除以斑块面积的对数，对所有斑块加和再除以斑块总数。取值范围 $1 \leqslant MPFD \leqslant 2$
AWMPFD	面积加权的平均斑块分形指标	类型 景观	$$AWMPFD_i = \sum_{j=1}^{n} \left[\left(\frac{2\ln 0.25p_{ij}}{\ln a_{ij}} \right) \left(\frac{a_{ij}}{\sum_{j=1}^{n} a_{ij}} \right) \right],$$ $$AWMPFD = \sum_{i=1}^{m} \sum_{j=1}^{n} \left[\left(\frac{2\ln 0.25p_{ij}}{\ln a_{ij}} \right) \left(\frac{a_{ij}}{A} \right) \right]$$ AWMPFD 的公式形式与 AWMSI 相似，不同的是其运用了分维理论来测量斑块和景观的空间形状复杂性。AWMPFD = 1 代表形状最简单的正方形或圆形，AWMPFD = 2 代表周长最复杂的斑块类型，取值范围 $1 \leqslant MPFD \leqslant 2$，通常其值的可能上限为 1.5。AWMPFD 是反映景观格局总体特征的重要指标，它在一定程度上也反映了人类活动对景观格局的影响。尽管分数维指标被越来越多地运用于景观生态学的研究，但由于该指标的计算结果严重依赖于空间尺度和格网分辨率，因而我们在利用 AWMPFD 指标来分析景观结构及其功能时要更加审慎

续上表

英文缩写（单位）	指标名称	应用尺度	计算公式及意义
SHDI	香农多样性指标	景观	$$SHDI = -\sum_{i=1}^{m}(P_i \ln P_i)$$ *SHDI* 在景观级别上等于各斑块类型的面积比乘以其值的自然对数之后的和的负值。*SHDI* = 0 表明整个景观仅由一个斑块组成；*SHDI* 增大，说明斑块类型增加或各斑块类型在景观中呈均衡化趋势分布。如在一个景观系统中，土地利用越丰富，破碎化程度越高，其不定性的信息含量也越大，计算出的 *SHDI* 值也就越高
SHEI	香农均匀度指标	景观	$$SHEI = \frac{-\sum_{i=1}^{m}(P_i \ln P_i)}{\ln m}$$ *SHEI* 等于香农多样性指数除以给定景观丰度下的最大可能多样性（各斑块类型均等分布）。*SHEI* = 0 表明景观仅由一种斑块组成，无多样性；*SHEI* = 1 表明各斑块类型均匀分布，有最大多样性
IJI（%）	散布与并列指标	类型景观	$$IJI_i = \frac{-\sum_{k=1}^{m'}\left[\left(\frac{e_{ik}}{\sum_{k=1}^{}e_{ik}}\right)\ln\left(\frac{e_{ik}}{\sum_{k=1}^{}e_{ik}}\right)\right]}{\ln(m-1)} \times 100,$$ $$IJI = \frac{-\sum_{i=1}^{m'}\sum_{k=i+1}^{m'}\left[\left(\frac{e_{ik}}{E}\right)\ln\left(\frac{e_{ik}}{E}\right)\right]}{\ln\frac{1}{2}m(m-1)} \times 100$$ *IJI* 在斑块类型级别上等于与某斑块类型 *i* 相邻的各斑块类型的邻接边长除以斑块 *i* 的总边长再乘以该值的自然对数之后的和的负值，除以斑块类型数减 1 的自然对数，最后乘以 100 是为了转化为百分比的形式；*IJI* 在景观级别上计算各个斑块类型间的总体散布与并列状况。*IJI* 取值小时表明斑块类型 i 仅与少数几种其他类型相邻接；*IJI* = 100 表明各斑块间比邻的边长是均等的，即各斑块间的比邻概率是均等的。*IJI* 是描述景观空间格局最重要的指标之一。*IJI* 对那些受到某种自然条件严重制约的生态系统的分布特征反映显著，如山区的各种生态系统严重受到垂直地带性的作用，其分布多呈环状，*IJI* 值一般较低；干旱区中的许多过渡植被类型受制于水的分布与多寡，彼此邻近，*IJI* 值一般较高

续上表

英文缩写（单位）	指标名称	应用尺度	计算公式及意义
CONTAG	蔓延度指标	景观	$$CONTAG = \left[1 + \frac{\sum_{i=1}^{m}\sum_{k=1}^{m}\left[(P_i\frac{g_{ik}}{\sum_{k=1}^{m}g_{ik}})\ln(P_i\frac{g_{ik}}{\sum_{k=1}^{m}g_{ik}})\right]}{2\ln m}\right]$$ $\times 100$ CONTAG 等于景观中各斑块类型所占景观面积乘以各斑块类型之间相邻的格网单元数目占总相邻的格网单元数目的比例，乘以该值的自然对数之后的各斑块类型之和，除以 2 倍的斑块类型总数的自然对数，其值加 1 后再转化为百分比的形式。理论上，CONTAG 值较小时表明景观中存在许多小斑块；趋于 100 时表明景观中有连通度极高的优势斑块类型存在。反映景观不同嵌块类型的聚集和延展程度，高蔓延度值表明景观中存在连通性较好的优势嵌块类型，反之则表明景观由连结性较差的多种嵌块类型所组成，景观破碎化。研究发现蔓延度和优势度这两个指标的最大值出现在同一个景观样区
SPLIT（hm²）	离散指数	类型景观	$F_i = D_i/S_i$ 分离度是指某一景观中不同斑块个体空间分布的离散（或集聚）程度。式中：D_i 为景观类型 i 的距离指数；$D_i = (A/N_i)^{1/2}/2$，$S_i = A_i/A$，N 为景观类型 i 的斑块数，A 为研究区总面积，S_i 为景观类型 i 的面积指数，A_i 为景观类型 i 的面积。分离度用来分析景观要素的空间分布特征，分离度越大，表示斑块越离散，斑块之间距离越大

资料来源：李秀珍等，2004；彭建等，2006；谭秋，2006；邬建国，2007。或可直接登陆 www.umass.edu/landeco/research/fragstats/fragstats.html 免费获取景观分析软件 Fragstats 3.3 及操作手册。

附录2 图释喀斯特人居环境

花江峡谷关岭县一侧垂直走向山脉　　　　　花江研究区峰丛

红枫研究区峰林　　　　　　　　鸭池研究区峰丛

鸭池研究区湿地　　　　　　　　花江研究区北盘江
（图片来源于南方喀斯特研究院）

红枫研究区随处可见的大小泉眼和水渠

红枫研究区聚落　　　　　　　　红枫研究区聚落

鸭池研究区聚落　　　　　　　　　　鸭池研究区聚落

花江研究区聚落　　　　　　　　　　花江研究区聚落
　　　　　　　　　　　　　　　（图片来源于南方喀斯特研究院）

红枫研究区残留的石板房　　花江研究区峡谷峭壁下的现代民居

花江研究区特色传统民居（图片来源于南方喀斯特研究院）

风水意向——红枫研究区笔架山　　农业景观——红枫研究区西红柿种植

花江研究区布依族、苗族（图片来源于关岭县旅游局）

（以上未注明出处的照片均为周晓芳2008—2009年拍摄）